JN084473

高校化学グランドコンテスト

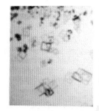

pH 1.1

phosphate o

giant and long stibnite crystal g

四位 審査委員長賞
4th Prize, Chairman's Award

五位 審査委員特別賞
5th Prize, Special Jury Award

一位 文部科学大臣賞
1st Prize,
Ministry of Education, Culture, Sports, Science and Technology Award

高校化学グランドコンテスト

高校生·化学宣言15

PART

高校化学グランドコンテストドキュメンタリー

監修 堀 顕子（芝浦工業大学工学部物質化学課程 教授）

u-time
PUBLISHING CO.,LTD.

遊タイム出版

あらたな船出

芝浦工業大学　学長
山田　純

　そろそろ冬の到来を感じさせる 2022 年 10 月の終わりごろ、鷹野景子東京家政学院大学学長（元お茶の水女子大学教授）と中沢浩先生（大阪市立大学名誉教授）が、私どもの芝浦工業大学にお見えになりました。鷹野先生には本学の外部評価委員をお願いしている縁もあって、よく存じ上げておりましたが、中沢先生とお会いするのは初めてです。

　来学された目的は、中沢先生が 2004 年に大阪市立大学（2022 年 4 月に大阪府立大学と統合、大阪公立大学となる）で始められた高校生・高等専門学校生を対象とした研究発表会「高校化学グランドコンテスト」を、芝浦工業大学で継承してもらえないかという依頼でした。唐突なお話で、正直驚きました。というのも、これまで、本学がこの高校化学グランドコンテストに関わったことがなく、かつ、関わった先生もおられなかったからです。お話を伺うと、大学統合に伴う開催事業の見直しなどのため、大阪公立大学として本事業の継続は難しいとのことでした。

　当然ですが、長年にわたり開催してきた歴史あるコンテストを「はい、承知しました」と即断できるほど軽いものではありません。ただ、伺ったコンテストの内容は素晴らしく、本学としてこのコンテストを発展、成長させていければ大きな社会貢献につながると感じました。「お引き受けする方向で検討します」とご返事させていただきました。

　まず、本学の化学系教員の協力がなくては始まりません。中沢先生、鷹野先生の共通のお知り合いである本学教授の堀顕子（後に本コンテストの事務局長に就任）をはじめ、化学系・材料系の教員から快諾を得ることができました。また、開催にあたっては、事務を担う職員、運営にかかる経費も必要なため、大学の経営サイドにも協力を依頼したところ、全国規模の大会であること、本学が目指す「グローバル理工系人材育成」という教育の理念に合致する取り組みでもあることから、こちらからも快諾を得て、お引き受けできることとなりました。

　初めての開催ということもあり中沢先生を顧問にお迎えし、様々なアドバ

イスをいただいたことで、2023年10月28日に無事開催にこぎつけることができました。最初にお話をいただいてから、丁度1年目の週末でした。

　開催にあたっては一私立大学主催のイベントに多くの高校生が応募してくれるのか、また十分な数の協賛企業を集められるのかなどの不安はありました。しかし、蓋を開けてみれば、全国60校80チームからの応募と、特別協賛6社を含む23社の協力があって、本学初開催、かつ、コロナ禍明けとしては上々の滑り出しであったと思います。

　28日のポスター発表では、参加者の皆さんの間で活発な議論がみられました。翌29日の口頭発表では、審査員の先生が高校生であることを忘れているのでは、と思えるほど、深く切り込んだ質問をされていたのが印象的でした。発表者にとっては、とても良い経験になったのではないでしょうか。また、英語での発表も多く、海外からの参加者にも十分に楽しんでもらえるイベントであったと思います。

　最後になりますが、改めましてご協力いただきました協賛企業の皆様と、開催に協力いただいたすべての関係者の方々に深く感謝いたします。2024年も2023年以上のコンテストとしたいと考えていますので、高校生のみなさんは、今日からでも準備を始めて下さい。来年、芝浦工業大学豊洲キャンパスでお会いできることを楽しみにしています。

　追伸：株式会社資生堂さまの「資生堂 S/Park 賞」を受賞した奈良県立西和清陵高等学校の研究が、アメリカの学術誌、Journal of Chemical Education（DOI: 10.1021/asc.jchemed.3c00933）に査読を経て掲載されました。本当におめでとうございます。

高校生・化学宣言PART15 高校化学グランドコンテストドキュメンタリー
CONTENTS

化学を志す高校生の皆さんへのメッセージ

高校化学グランドコンテスト審査委員長
名古屋大学名誉教授・日本学士院会員
巽　和行

　「化学」は、分子およびその集合体の構造と振る舞いについて理解し、その知見をもとに様々な分子を「合成」して新しい機能を生み出す学問です。化学の基礎を学ばれて、将来は化学現象の本質を見極め、世の中に役立つ化学研究成果をあげたいという夢を持たれている若い皆さんが、高校グランドコンテストに集われ、これまで学んだことを踏まえて、自分で研究課題を見つけ、そして自分でその成果を発表する場に臨まれます。ある意味では、科学者あるいは化学技術者への第一歩を踏み出されることになります。その際に私たち審査員が注目し、期待しているのは、皆さんの研究内容の優劣だけではありません。むしろ、課題の設定や研究を遂行する段階で、皆さんが一喜一憂しつつ「研究」の過程を如何に楽しまれたかを知るという点です。

　本コンテストの研究とその発表は、多くの場合、何人かの共同成果であり、指導された先生方の様々な支援も受けたでしょう。多くの人の助けがあったかもしれません。科学研究の成果は、あくまで個々の研究者の卓越した発想と努力によってもたらされます。しかし、個々の研究者にとって、師となる人や優れた研究者との出会いが必要です。それらは友人や共同研究者かもしれませんし、競争相手かもしれません。その意味で、このコンテストへの出場は優れた人との出会いと、その重要性を学ぶ良い機会かもしれません。

　その観点で、私自身の例をお話ししましょう。博士号を得た後の若い頃、米国コーネル大学のロールド・ホフマン先生の研究室に博士研究員として飛び込み、3 年あまり薫陶を受けました。ホフマン先生は当時 40 歳余の理論化学者で、化学反応を律する Woodward-Hoffmann 則は有名です。卓越した先生で、学問としての化学の魅力と、化学研究を志す自信を得ました。当時、ホフマン先生は「全ての分子は美しい（beauty）。醜い（ugly）分子は無い」とのタイトルで、コーネル大学の紀要に寄稿されたのを覚えています。また、ホフマン研究室には最先端の化学者の訪問が頻繁にあり、多くを学ぶ機会が得られ、現在に至るまで大いに刺激を受けています。このコンテストが、皆さんにこのような機会を与えるきっかけとなることを願っています。

高校化学グランドコンテストとは？

全国の高校生および高等専門学校生（3年生以下）が行っている「学習研究活動」を支援し、高校生が自主的な探究活動を楽しみながら科学的な創造力を培い、将来、科学分野で活躍できる人材の育成を念頭に置いて行っている教育支援プログラムです。2004年から大阪市立大学（現・大阪公立大学）を中心に実施してきましたが、コロナ禍を経て、2023年度よりさらにパワーアップして芝浦工業大学が主催します。

Point 1 大学教員がサポート

研究テーマや手法について大学教員に相談することができます。研究について必要な装置の利用も可能です。

Point 2 幅広い分野の審査員

分野横断型の多様な審査委員が参加しています。口頭発表は10大学から構成された審査員が厳正に審査します。

Point 3 様々な賞で成果を表彰

上位3チームは海外の国際イベントに招待されます。企業賞も充実、大学と企業の化学の先輩たちが応援します。

Point 4 手厚い交通宿泊支援

全国のどこからでも参加できるように、一次審査を通過したチームには交通宿泊費を支援しています。

＜主催＞
芝浦工業大学

＜後援＞
文部科学省・科学技術振興機構
大阪公立大学・お茶の水女子大学・東京家政学院大学・東京都立大学・日本女子大学
日本化学会・化学工学会・高等学校文化連盟全国自然科学専門部

＜特別協賛企業＞
第一三共株式会社・長瀬産業株式会社・DIC 株式会社・日本ゼオン株式会社
株式会社 IHI・株式会社資生堂

＜協賛企業・団体＞
株式会社日本触媒・文珠システム株式会社・UBE 株式会社・日本製紙クレシア株式会社
三井化学株式会社・一般財団法人化学物質評価研究機構・メルク株式会社
東レ株式会社・富士通株式会社・デュポン ジャパン株式会社
ユニバーサル マテリアルズ インキュベーター株式会社・株式会社巴川製紙所
HPC システムズ株式会社・サカタインクス株式会社・オルガノ株式会社
住友ベークライト株式会社・JSR 株式会社・Royal Society of Chemistry

＜協力企業・団体＞
株式会社遊タイム出版・シュプリンガーネイチャー・株式会社化学同人
株式会社東京化学同人・Chem-Station

第18回高校化学グランドコンテスト概要

■最終選考会
2023 年 10 月 28 日（土）・29 日（日）

■会場
芝浦工業大学豊洲キャンパス

■プログラム

28日（土）	12:30	受付開始
	13:40	スターティングセレモニー
	13:50	集合写真撮影
	14:00〜15:20	ポスター発表前半（PP奇数番号）
	15:20〜15:40	休憩・交流時間
	15:40〜17:00	ポスター発表後半（PP偶数番号）
	17:15〜19:00	レセプションパーティー
29日（日）	8:30	受付開始
	9:00	開会式
	9:10〜10:50	口頭発表前半（OP-01〜05）
	11:00〜12:40	口頭発表後半（OP-06〜10）
	12:40〜13:30	昼食・休憩
	13:30〜14:15	口頭発表 海外招聘校（IP-01〜03）
	14:15〜15:15	これコン特別企画
		パネルディスカッション 「審査ってどこ見るの? ―審査員に聞く研究要旨―」 構内探索「実験機器ツアー」
	15:15〜16:45	表彰式

審査委員長

巽　和行　名古屋大学名誉教授・元IUPAC会長 （無機化学）

審査委員

相川京子　お茶の水女子大学理学部化学科 教授 （生物化学）
笹森貴裕　筑波大学数理物質系化学域 教授 （有機化学）
佐藤香枝　日本女子大学理学部化学生命科学科 教授 （分析化学）
鈴木俊彰　横浜国立大学教育学部学校教育課程 教授 （有機化学・理科教育）
鷹野景子　東京家政学院大学 学長 （物理化学）
中沢　浩　大阪市立大学 名誉教授・芝浦工業大学 客員教授 （無機化学）
永　直文　芝浦工業大学工学部応用化学科 教授 （高分子化学）
野田和彦　芝浦工業大学工学部材料工学科 教授 （電気化学）
野村琴広　東京都立大学理学部化学科 教授 （有機化学）
松坂裕之　大阪公立大学理学部化学科 教授 （無機化学）
山田鉄兵　東京大学理学部化学科 教授 （無機化学）

Chapter 1

文部科学大臣賞
受賞

桜島の火山ガスを化学で捉える！

池田学園池田中学・高等学校
SS部

Members
吉井由、河元千代乃、黒瀬こころ

指導教員
樋之口仁

研　究　概　要

　私たちが住む鹿児島県には桜島をはじめ多くの活火山があり、火山防災は喫緊の課題といえる。そこで、火山活動を把握し、予知を目指すために桜島から放出されている火山ガス（二酸化硫黄、塩化水素、フッ化水素）の組成比変動を測定することにした。そこで、私たちは高校生でも作れ、多くの地点でも測定ができるように、アルカリろ紙を用いた火山ガスの簡易補集法と自作吸光度計による定量法を確立した。得られた桜島における火山ガスの塩化物イオンと二酸化硫黄（Cl⁻/SO₂）比変動は、噴火数変動と強い相関がみられた。

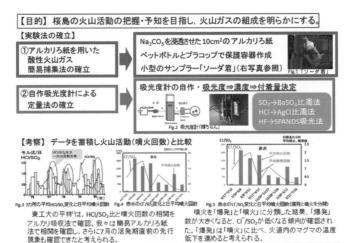

【目的】桜島の火山活動の把握・予知を目指し，火山ガスの組成を明らかにする。

【実験法の確立】

① アルカリろ紙を用いた酸性火山ガス簡易捕集法の確立 ⇒ Na₂CO₃を浸透させた10cm²のアルカリろ紙 ペットボトルとプラコップで保護容器作成 小型のサンプラー「ソーダ君」（右写真参照） Fig.1「ソーダ君」

② 自作吸光度計による定量法の確立 ⇒ 吸光度計の自作・吸光度⇒濃度⇒付着量決定 Fig.2 吸光度計「輝ちゃん」 SO₂→BaSO₄比濁法 HCl→AgCl比濁法 HF→SPANDS吸光法

【考察】データを蓄積し火山活動（噴火回数）と比較

Fig.3 5ヵ所の平均HCl/SO₂変化と日平均噴火回数

Fig.4 赤水のCl⁻/SO₂変化と日平均噴火回数

Fig.5 赤水のCl⁻/SO₂変化と日平均噴火回数（爆発と噴火を分類）

東工大の平林[1]は、HCl/SO₂比と噴火回数の相関をアルカリ吸収法で確認。我々は簡易アルカリろ紙法で相関を確認し、さらに7月の活発期直前の先行現象も確認できたと考えられる。

噴火を「爆発」と「噴火」に分類した結果、「爆発」数が大きくなると、Cl⁻/SO₂が低くなる傾向が確認された。「爆発」は「噴火」に比べ、火道内のマグマの温度低下を進めると考えられる。

1）平林 順一，桜島における火山ガスの成分変化と火山活動，京大防災研究所年報第24号B-1,昭和56年4月,p11～20

1 「研究で世界に行くよ！」

　顧問の先生から飛び出した、この思いがけない一言。まさに今につながる始まりでした。

　当時は毎日のように研究を重ねていたとはいえ、桜島の研究を始めてからまだ2年目。他の研究班に比べると未熟で、データも経験も実験器具も少ない状態です。「世界」だなんて、そんな夢のような話は起こらないだろうと半信半疑で先生の話を聞いていました。

　中学生の頃からSS部に所属しており、部室で他愛もない話をしては虫取り網を持って学校中を駆け回ったりしていました。高校生になってから、SSHの一環で課題研究に取り組むことになりました。やるからには、まだ明らかにされていない、誰もしたことがない新しい研究に挑戦したい。メンバーにそういう熱い思いが沸き上がってきました。

　研究テーマとして思い浮かんだものが、毎日校舎から見える雄大な「桜島」です。世界的に見ても活動的な活火山である桜島は、私たち鹿児島県の誇る自然でもあります。池田学園から見える桜島も私たちには特別な親しみがあります。

学校から見える桜島

　早速、活火山についての先行研究を調べ始めました。火山の噴火予知についてはあまり研究例がなく、気象台や大気観測局は、火山ガスとして二酸化硫黄しか測定していません。高校生としては、私たちが日本で初めて研究することになる、未知の領域だということがわかりました。

　このことは私たちの探究心をさらに掻き立て、「解明していくんだ」という使命感に燃えながら研究に没頭する毎日につながりましたが、部員が少ないこともあり、実験や分析、大会のための資料制作が思うように進まず、苛立ちを覚える日が増えていきました。

　そんなとき、ふと外を見ると、桜島から大きな噴煙がのぼっています。まるで、「諦めるな」と桜島が私たちの背中を力強く押してくれているような気がしました。桜島がある限り、私たちは研究を続けていけるということを再確認しながらの日々だったように思います。

しかしながら、新たな課題が浮上します。研究で使用する分析機器を手に入れるにはどうしたらいいのか。実験には器具や道具が必要不可欠です。中には、高校生では買いたくても手を出せない高額な機器もあります。

そこで、自分たちの手で機器を作れないだろうかと考えました。可能な範囲で機器を購入し、他は身の回りにあるもので代用するという高校生にしかできない方法で挑戦していくことに、大きな意義があると考えました。

2 SS部のモットーは「無ければ作れ」

いつしか、当たり前のように部員の心に沁みついていた心得です。吸光光度計は、市販のものではなく LED ライト・セル・受光素子である Si フォトダイオードを組み合わせて作製しました。赤、緑、青色の LED を用いて、

どの色が吸光光度計として適するのか、成分によってどの色を使うかなどを模索する日々でした。なかなか成果も出ず、何度も失敗、修正を繰り返しました。そして、ついに完成した自作吸光光度計。名前は「輝ちゃん」。市販の装置に負けない機能性を備えた完成度に、苦労した甲斐があったとしみじみ感じました。

「輝ちゃん」を使って分析中

また、一般的なアルカリろ紙法をもとに、スケールダウンした簡易法を確立し、ペットボトルとプラスチックコップで作った、小型のサンプラー「ソーダ君」も開発しました。

「ソーダ君」製作風景

このソーダ君を、本校の生徒や職員にお願いして県内各地に設置してもらいました。今では県内 15 ヵ所で観測を行っています。約 1 ヵ月毎に全てのソーダ君を回収し、新しいソーダ君に取り換えてもらいます。毎月、15 ヵ所からアルカリろ紙が集まるので、これを蒸留水に溶かして、それぞれ pH 測定や電導率測定を行い、

塩化銀比濁法、硫酸バリウム比濁法、さらにスパンズ法と3種類の定量分析を行います。その莫大な量の分析データを、少ない部員で整理、分析、考察、さらには洗い物までを行うことは容易なことではなく、昼休みや放課後、ときには休日返上で活動する日々が続きました。

　もちろん、学校の宿題や勉強、テストもあるので、研究と学業を両立していく必要があります。時間を見つけては研究、合間を見ては勉強をする日々。そのような中で、輝ちゃんやソーダ君が順調に機能していることは、とても嬉しいことでした。手作りした機器で測定したり、火山ガスを集めたりすると、次第に誇りと自信が芽生えていきました。分析データの蓄積によって研究が徐々に進んでいきました。データからわかることや新しく発見したことから、さらに考えが広がっていくことに、面白さ、奥深さを感じずにはいられませんでした。

　しかし、私たちだけで分析・考察をしても、研究は進展しません。客観的に研究をみてもらうために、頻繁に学会やコンテストに出場しました。審査員の先生や研究者のアドバイスをもとに、新たな実験や考察の深め方などを模索し、目的である噴火予知に少しでも近づけるよう、努力する必要がありました。

3 「高校化学グランドコンテスト」に挑む!

　さらなる研究の発展を目指すために挑んだ大会が「高校化学グランドコンテスト」です。これまで、他大会でも化学部門としての出場経験はありましたが、第一線の研究者が審査員となっているコンテストに出るからには、今まで以上に研究に励んでいかないといけません。コンテストまでのカウントダウンが始まりました。

　コンテストまでに重点的に取り組んだのが、火山ガス成分放出モデルの作成です。これまで火山活動と火山ガスの関係を探ってきましたが、まだ降灰量（火山灰）との関係を調べてはいませんでした。「火山灰の動きと火山ガスの動きの関係はどうなっているのか」と疑問に思い、比較したのが火山ガス放出モデル作成につながる大きなきっかけになりました。

　火山灰と火山ガスを比較したときに、降灰量が多い時期と二酸化硫黄の付着量の多い時期は一致していましたが、塩化水素やフッ化水素は降灰量が少

ないときにも付着量が大きくなっていることがわかりました。つまり、二酸化硫黄と火山灰の挙動はほぼ同じといえますが、塩化水素とフッ化水素は火山灰の挙動と同じように変動するとはいえないということです。これらの結果を基に次図のモデルを作成しました。

作成したモデルを簡潔に説明すると、噴火前、火口にはマグマの固結した蓋がされており、マグマの通り道である火道内に、マグマから発泡した火山ガスが溜まっていきます。しかし火山ガスのうち、分子量が比較的小さいフッ化水素、塩化水素、水蒸気の一部に関しては火口を塞ぐ蓋から抜け出る量が多い一方、二酸化硫黄は火道内に残った状態になります。したがって、二酸化硫黄濃度の低下も噴火予知現象のひとつとなります。火口の蓋で閉じ込められた火山ガスの圧力が大きくなり、火口の蓋が耐えきれなくなって吹き飛ばされるのが桜島の「ブルカノ式噴火」です。その際、塩化水素やフッ化水素などの比較的軽いガスは噴煙だけでなく大気にも拡散していきます。二酸化硫黄は火山灰とともに放出されます。これがモデルの概要です。

コンテストまで、部員と顧問の先生にも相談しつつ、モデルの説明の仕方や一目見て理解できるモデル図を完成させました。グラフを作り、考察して終わるのではなく、実際にどういう仕組みで噴火をしているのか、データをもとに様々な視点で考え、少しでも噴火予知に近づけるようにする必要があります。そして、今回作成したこのモデルが、私たちが目指している噴火予知に近づいた第一歩だったと思います。

そして迎えた、高校化学グランドコンテスト当日。前日まで発表内容やスライドの見やすさを改善し続け、これまでの集大成で臨みました。ですが、他校の発表は「さすが」としか言いようがない、素晴らしいものばかり…。口頭発表の10チーム中、8チームが英語発表をしており、質疑応答も巧み

な英語で対応していました。刻一刻と発表が近づいてきます。不安に押しつ
ぶされそうになりました。

　本研究は「化学」と「地学」の学際的な研究です。他校がハイレベルな「化
学」を発表する中で、どこまで学際的な研究内容を伝えることができるのか。
葛藤しながら舞台に登壇しました。

　いざ、スポットライトで輝く舞台に上がると、不安やプレッシャーが一気
に跳ねのけられ、とにかく研究を知ってもらいたいという素直な思いが、ス
トンと心の中で落ちました。この初めての感覚に驚きを感じながら、研究の
原点に返ったような発表時間でした。

　質疑応答では時間があっという間に過ぎ、気付くと、観客席からはち切れ
んばかりの盛大な拍手が届きました。我に返ると後悔の念はなく、ただ、す
がすがしさが胸を吹き抜けました。精一杯の力を出し切ったのだと思います。

　いよいよ表彰式。賞を獲れずに帰るだろうと覚悟していましたが、順に発
表されるとため息が大きくなっていきます。諦めていた矢先に、文部科学大
臣賞で私たちのチームが呼ばれました。まさか選ばれるとは…。メンバーや
顧問の先生とお互いに現実を確認するかのように見つめ合ってしまいまし
た。

　全身が打ち震えるのを感じながら、舞台へと続く通路を歩きました。足が
浮いているのではないかと錯覚するほど全身の感覚がありません。舞台から
見る観客席の後ろに、いつも学校から眺めている桜島が見えるようでした。
まるで、桜島が見守ってくれていたかのように近くに感じました。

　学長から受け取った賞状、盾、目録は、これまでの思いがたくさん詰まっ
ている分、とても重く感じました。いまだに持つと手がぶるぶると震えます。
インタビューを受けたときは、頭が回らず必死に出てきた言葉を紡ぎました。
ともあれ学校、顧問の先生、先輩方、家族、そして研究に協力してくださっ
た皆に感謝の気持ちが溢れました。

4 | 支援に感謝し、世界へ挑む！

　研究は、ひとりではできません。数えきれないほどの方々に支えられ、やっ
と「研究」ができます。

　今回は、私たちが研究班の代表として発表しましたが、新型コロナの影響

で思うように研究ができなかった先輩方、分析や洗い物を手伝う部員、ソーダ君を長期間にわたって置いてくれた生徒や先生だけでなく、科学研究に最も力を入れてきた学校など皆の協力や思いを胸にコンテストに挑戦することができました。

　初出場で他校のレベルの高い英語での研究内容に打ちのめされそうになりましたが、たくさんの方々に支えられている研究を「知ってもらいたい」という一心で発表しました。審査員の先生や聴衆の方々にお届けできて、とても嬉しいです。

　今回いただいた質問や講評を国際大会で活かしていき、メンバーとさらに研究を重ね、より良い発表になるよう準備をして、台湾へ出発しようと思います。

　今後も、桜島の噴火予知ができる研究を目指し、火山防災に役立てていきたいです。そして、世界中で起こっている火山災害を未然に防げる研究につながるよう、研究班メンバーが一体となって目指していきます。より災害の少ない未来社会実現のために。

Chapter 2

化学未来賞
受賞

NAGASE賞
受賞

No Phosphorus, No Life

学校法人静岡理工科大学静岡北高等学校
科学部水質班

Members
奥村昂志、稲葉光亮、遠藤剛士、萩原健登、本田楓、山下颯斗

指導教員
渕上祐太

研 究 概 要

　　肥料に含まれるリン酸は枯渇資源であるが、工業排水中の亜リン酸イオンPO_3^{3-}の酸化にはパラジウムPdを用いるため、コスト高で回収が進んでいない現状がある。私たちは「安全で安価なPO_3^{3-}の酸化回収法の開発」を目標とした。研究を通じて、①過酸化水素H_2O_2を消費しない画期的なフェントン反応、②鉄（Ⅱ）イオンFe^{2+}共存下でのPO_3^{3-}の空気酸化、③銅（Ⅱ）イオンCu^{2+}とヨウ化物イオンI^-による酸化触媒を発見し、60分で0.1 mol/L PO_3^{3-}水溶液の58 %を酸化することができた。また、④廃液への適用、⑤塩化カルシウム$CaCl_2$によるリン回収、⑥装置化への検討をおこなった。処理水の銅イオン濃度は0.067 mg/Lで水質汚濁防止法の排水基準3 mg/Lを下回る。回収物も品質の確保等に関する法律の基準300 mg/kgを同様に下回ると考えられる。酸化コストはPd触媒の1/2500で粗利益は約300円/リン1kgで採算可能性があることがわかった。

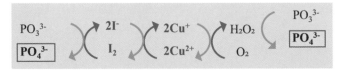

1 研究のきっかけ

　私たちは「排水からリン肥料をつくる」研究をしている。始まりは、同じ科学部の齋藤、柴田先輩とともに行った研究だった。原料であって、肥料として利用できない亜リン酸イオン PO_3^{3-} を含む工業排水に鉄板を漬けて、亜リン酸イオンを回収する実験をしていた。1週間後、溶液が乾いて析出した結晶を片付ける際に、偶然にもリン酸イオン測定液に落としてしまった。驚くことに突然、溶液は青色に変化した。一体、何が起きたのかわからなかったが、この変色はリン酸イオン PO_4^{3-} の生成を示していた。つまり、排水中の亜リン酸イオンが、鉄に触れると肥料であるリン酸イオンになる現象を発見したのだ。

　かつて、本校近隣の遊水池において、南米原産のホテイアオイが異常繁殖したことがあった。これは肥料であるリン酸イオンの流入が一因として考えられた。過剰な栄養塩の流入は「富栄養化」といわれ、藻類と動物プランクトンの急激な発生後に酸素がなくなり、水生生物の死滅と外来植物の異常繁殖のために生態系が荒廃する。リンの流入が問題となる一方で、肥料であるリン酸イオンは経済的枯渇のため、入手が困難になってきている。そのため、工業排水中のリンの回収は、排水浄化と資源回収の両面において重要であると考え、研究分野を絞った。文献を調べ、工場排水に含まれるリン化合物のひとつに「亜リン酸イオン」が含まれることに気付いた。これが酸化されるとリン酸イオンとなり、植物を育てるための肥料となることから研究テーマに定めた。このプロジェクトは、地域の環境課題から世界中のリン資源枯渇と環境問題の解決に寄与できると信じている。(稲葉光亮)

2 スランプを乗り超えて

　1年生である私は先輩たちの研究紹介を聞いて、「排水からリン肥料をつくる」なんて、何かすごいことをしているなと興味を持って参加した。しかし、実際は1000粒の鉄球をバットに乗せて、そこに溶液を滴下し続けて1週間待ったり、10数個以上の鉄炭素電池をつくり、溶液に1週間漬け込んだりと、地味な作業に思えた。「最も良い結果は、目標に対して5％も亜リン酸イオンの酸化に成功したことだ」と言っていた。そこで先輩が使っている鉄でう

まくいくなら、身近な銅に変えてみてはどうかと考えた。銅で試したところ、鉄の5〜10倍近くも亜リン酸イオンの酸化が促進された。そのスゴさがよくわからなかったが、先輩たちが驚いたり、少しだけ悲しそうだったり、表情を複雑にコロコロ変えて喜んでいた顔を見ると嬉しくなった。その後、少し研究について理解すると発見の目覚ましさに改めて驚いてしまった。程なくして亜リン酸イオンの酸化のしくみに辿りついた。どうやら、金属イオンと還元剤（例えば、ビタミンC）と酸素が出会うと、ヒドロキシラジカルが生じ、これが亜リン酸イオンを酸化するようだった。しかし、金属と還元剤と酸素を混ぜて長時間反応させていると、なぜか反応が止まってしまう…。単に反応が続くものだと思っていたため、まさかビタミンCが消費されるとは考えもしなかった。物質が「消費される」と廃棄物が生じる上に、ランニングコストが上がってしまう。魔法のような「消費されない還元剤」を見つけられず難航した。先生やメンバーと何度も化学反応式を黒板に書き、議論を進め、「教科書に載っている還元剤はどれでも試してみよう」と決めた。やっとの思いで見つけたのが「ヨウ化物イオンを用いた触媒反応」だった。強酸性条件のときだけ、ヨウ化物イオンはヨウ素になりやすく、またすぐにヨウ化物イオンに戻る。これに気が付いたときは、入部したての私たちでさえ画期的だと感じた。メンバー全員が苦悩した長いスランプをようやく越えられたのだ。

実験風景

　さて、装置化は2年生が主軸となり進めたが、ここでも多くの問題が発生した。加熱したことでヨウ素が気体となり装置外部に漏れでてしまった。ヨウ素の気体は有害なので外に出すわけにもいかず、そこで考え付いたのがフィルターだ。ビタミンCを染み込ませることで、ヨウ素のみを吸収させた。

さらに排気装置内で行ったので私たちの安全が十分に確保できた。私にとっては初めての装置作製だったため、「溶液を別の容器にどうやって移し替えればいいのだろうか？」と思ったが、先輩たちはポンプという物理的なやり方を選び、少し驚いた。こうして完成した装置が初めて動いたときはとても感動を覚えた。(山下颯斗)

3 発表に向けて

　ここまで試行錯誤してきたわけだが、それを他の方に理解してもらうことが、研究において極めて重要である。もし説明が不十分で、開発した技術の「可能性」を感じてもらえないならば、誰もが期待しない技術を熱心に開発したことになってしまうからだ。この研究について、私たちは誰よりも丁寧な説明ができ、「世界一詳しい」はずである。パイオニアである私たちが、専門外の方に「最先端」の技術を伝えるには、当然ながら工夫が必要となる。要旨、スライド、発表は紙面も時間も限られるが、最も伝えたいことを念頭に置き、そこに行きつくまでのデータを取捨選択し、興味が持てるストーリー性を帯びさせることを心掛けた。

　最初に手を付けたのは蓄積してきたデータの整理だった。重要度の高いものをリストアップし、考察し、理論を構築して流れをつくると、データが足りないことに気付いた。それは比例を証明するための相関係数 r^2 値が低かったり、飛躍がない論理的な説明をするためのグラフが足りなかったりと様々だった。そのため、資料を作成しては、実験室に駆け込み、実験をしては作成して…、の繰り返しであった。データが揃い、いよいよ発表スライドと原稿づくりに作業が移行した。ここで重要なのは導入であると考えた。きっと皆さんもドラマやアニメ視聴するとき、第１話目の最初の１分が楽しくなければ、そのあとは見る気になれず、やめてしまうように…。目的、背景や実験の失敗のエピソードからの気付きは、聞き手に「この発表、意識して聞いてみようかな」という気になってもらうための導入の役割を果たす。短く一言で意味が伝わる表現、例えば、「No Phosphorus, No Life」、あるいは「結晶をこぼして酸化現象を発見した」のような恰好悪い（？）アクシデントであっても、興味を持ってもらえる表現ができるならと発表原稿に盛り込んだ。また発表が専門的な内容であればあるほど、その畑ではない人にとっては未

知の言語にすら聞こえてしまう。そのため、できるだけ平易な言葉や表現を用いた。例えば「15万円のコストが3,000分の1」と言われても、直感的でないが、「スマホが50円で買える」と言われれば、インパクトがあるかもしれない。またプレゼンテーションの最初は「亜リン酸イオン」を「工場排水中の亜リン酸イオン」に、「リン酸イオン」は「肥料」と言い換えたりすると聞きやすいかもしれない。聞き手にどうしたら理解してもらえるかをとにかく追求し、作業の合間に、人気アニメの鑑賞も欠かさず、伝え方を熱心に勉強した。

　さて、今回の大会の鬼門は英語による発表の挑戦だった。今までと違った。これが難易度を何百倍にもした。「いただきます」を表す単語が英語にないように原稿をそのまま英訳すると原稿量が増えるだけでなく、少なからずニュアンスが変化してしまう。ALTの先生と議論を交わしながら、なんとかしっくりくる表現にこぎつけた。しかし、最終調整するにつれて、不備が浮き彫りになり、それの対応、修正に追われた。毎日、先生より後に下校することが日課になりつつあった私たちは、どこか遠い目をしていたかもしれない（いや、キラキラしていた）。かくして、紆余曲折ありながらも下準備は万全となり、あとは決戦の場で全力を発揮するだけとなった。（遠藤剛士）

4 本番1日前

　今から約1か月前の9月25日に発表された「口頭発表」の通知。「本当に一流の研究者の前で発表できるんだ」と嬉しさがこみ上げたと同時に、「うまく発表ができるだろうか」という不安感もあった。その2つの感情を抱えたまま迎えた本番1日前。新幹線の座席についてからも発表原稿と質疑への応答例を念入りに読み直しながら、内容の理解を更に深めていった。この科学部に入って早半年、とはいっても依然として研究内容の理解度は先輩方の足元に及ばない。1回1回真剣に研究内容を見直すたびに駅は熱海、小田原、品川とどんどん過ぎていった。　そして「次は終点、東京、東京。」とアナウンスが流れる。あっという間の移動であった。ポスター発表会場では、どの学校も特色豊かな研究テーマで、熱心に、わかりやすく説明をしてくれて研究内容を聞いていて楽しかったが、頭の中では、何とも言えない口頭発表への不安感がずっと纏わりついていた。その霧が一気に晴れたのは夕方に行わ

れたレセプションパーティーだった。話すのが少し苦手であって緊張していた。しかし、ふいに声を掛けられ、振り返ると父と同じぐらいの年齢であろう男性が話かけてくれた。「明日発表？」「は、はい」と慌てて答えたが、話を聞いてくれて、徐々に緊張がほぐれ始めた。それからは他の学校の人たちとも研究内容や学校生活のことなど色々なことを話した。このようなコミュニケーションが少しずつ明日への不安を和らげてくれた。レセプションパーティーの終わりが告げられた時は「もっと話したい」という気持ちが、最初より何倍も強くなっていた。ホテルへの帰路では、歩いている最中も、電車の中でも、英文をつぶやきながら練習した。ホテルについた後、チームで集まって合わせ練習をした。皆が寝静まった後も練習を続けていた。しかし、今朝の新幹線内で不安に駆られて読んでいた私とは違った。「みんなにこの研究の面白さが伝わって欲しい！」その気持ちで胸を弾ませながら練習していたのだ。（本田楓）

5 表彰式のとき

化学未来賞の受賞

NAGASE賞受賞のよろこび

　表彰式のときのことを鮮明に覚えている。化学未来賞とNAGASE賞を受賞することができた。今までにない快挙であった。大会前後には、体育祭や中間試験、別の実験も終盤に差し掛かり、それほど練習ができなかったから、受賞できるとは思っていなかった。1年生は今回が初めての大会だったが、私たち2年生は過去にいくつか別の大会の経験があった。研究の進捗が得られておらず、結果はどれも納得がいくものではなく、大会からの帰り道はいつもお手本の分析と反省会をし、とても悔しい思いを募らせてきた。学校名が呼ばれた瞬間、頭が真っ白になった。壇上で祝福される感覚、初めて持った楯の重さ、拍手で全身が包まれる感覚にいままでにない感動を覚えた。壇

上から降りた後、全員で喜びを大いに分かち合った。そのあともう一度呼ばれるとは知らずに。

　NAGASE賞で呼ばれたとき、もはや意味がわからず「なぜ選ばれたのか」という疑問が浮かんできた。工学の研究であったから、目標は企業賞の獲得だった。嬉しさと同時に、今までの大会とは何が違ったのか、どこを評価してもらえたのか、そして1位と2位はどう違ったのかを考えるようになった。自己分析する中で、圧倒的にチーム力が足りていないことに気付き、具体的な課題が山積するようになった。この気付きと経験は私たちの大きな成長の糧になることが確信できた。（奥村昂志）

6 英語での発表に向けて

　海外派遣に向けて、英語で要旨と論文を作ることになった。私は英語が大の苦手で、日本語要旨を翻訳サイトにかけてできた文章の何が文法的に間違っているのかさえ理解できていなかった。先輩に無生物主語や叙述文を教えてもらってからは間違いが少しわかるようになったが、それでも理解に苦しむものはたくさんある。発表は単に原稿を読むものとは違い、その意味が相手に伝わるようにしなければならない。英語をしゃべるには、前置詞などで区切ったり、文節末のイントネーションを下げると意味が伝わりやすく、慣れないながらも日頃から授業で徹底している。聞き手に言うだけでなく、聞き手の質問にも答えなければいけないため、リスニングも鍛えることにしている。動画サイトで英語のニュースを毎日3回ほど聴き、口が×になっているウサギ・×・の動画を何度も真面目に見ている。まだ十分に英語を聞き取れるほどにはなっていないが、英語に少しずつ慣れて、きちんと準備をして次の発表に臨みたいと思う。（萩原健登）

　最後になりましたが、関係する先生、大学生、協賛企業、高校化学グランドコンテスト事務局の皆様に、貴重な機会をいただけたことを、この場を借りて感謝申し上げます。

NAGASE 賞

長瀬産業株式会社

「NAGASE 賞」受賞校の講評

　本賞は、当社のスローガンである「Delivering next.」を体現し、ワクワクする未来につながる研究に贈られます。今回受賞した静岡理工科大学静岡北高等学校（科学部水質班）のテーマ（P18 参照）が特に優れている点として、以下の 4 点が挙げられます。

❶社会課題へのアプローチ：農作物の肥料等として欠かせないものの、海外輸入に頼っている「リン」に着目し、食問題と資源枯渇問題に取り組んだ点
❷環境配慮：排水に含まれるリンの生態系への影響を考慮した点
❸実用性：排水から安心かつ安価な回収を目指した点
❹ビジネス性：ビジネス化を視野に入れて採算性にこだわった点

企業紹介：長瀬産業ってどういう会社？
化学品を中心に事業展開する会社です！

　化学品を中心に幅広い素材を販売する商社機能、グループ企業でユニークな素

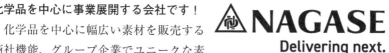

材をつくる製造機能、研究開発機能、バイオ技術などの様々な機能を持つ企業グループです。長瀬産業だけでなく、グループの様々なファミリーも含めて「NAGASE」と呼んでいます。創業は 1832 年江戸時代に生まれ、今年で192 年を迎えます。

皆さんの身近でナガセをサガセ！

　皆さんご存知のように、身の回りにあるもののほとんどは化学品が使われています。当社の事業は、機能材料・加工材料・電子／エネルギー・モビリティ・生活関連の 5 つの領域で構成されており、皆さんの生活の身近なとこ

ろにナガセが関わっています。

例えば、

●リビングだと

　ジュースに入っている甘味料
やコップに使われている樹脂、
テレビや、ゲーム機等の電化製
品等。

●オフィスだと

　パソコンの電子部品や、スマ
ホに入っている半導体を製造す
るための材料、ビルの外壁を塗
る塗料の原料や、断熱材に使わ
れるウレタンの原料等。

●旅先だと

　車の塗料原料、部品を作るた
めの接着剤、これが EV やハイ
ブリット車であれば、バッテ
リーの材料や水素タンクに使わ
れる材料、風力発電のブレード
に使われる接着剤等。

NAGASE の "推し" 研究

環境にやさしい、でんぷん由来の高吸水性ポリマー（SAP）

　おむつの吸収材用として、NAGASE はでんぷん素材を使った生分解性
SAP を開発することに成功。従来と同等以上の吸水性能を実現しながら、
自然界での分解が可能に。実用化すれば環境負荷を低減できるかも！

▶詳しくは、YouTube で「長瀬産業　SAP」を検索！

でんぷんを原料に使った
「生分解性 SAP（高吸収性ポリマー）」を開発し

しかも土壌で自然分解されるため
環境負荷もありません

Chapter 3

化学技術賞
受賞

日本ゼオン・
チャレンジ賞
受賞

媒晶剤のカルボキシラートイオンのpHによる変化でコントロールするNaCl型結晶の形

富山県立富山中部高等学校
スーパーサイエンス部

Members
西島累世、鈴木萌奈、関口来実、伊東愛、日野絢音、神谷怜実

指導教員
浮田直美

研究概要

　重合度の異なるポリアクリル酸塩を媒晶剤としてNaCl水溶液やKCl水溶液にそれぞれ加え、水を自然蒸発させると、これらNaCl型結晶は正八面体の形で析出した。これは、同符号のイオンが配列するNaCl型結晶の{111}面を、媒晶剤として用いた多数のカルボキシラートイオンが安定化して、{111}面の結晶成長速度が遅くなることに起因する。そこで、これらの溶液に塩酸を加えてカルボキシラートイオンをカルボキシ基に置き換え、結晶の形が変化するか調べた。ポリアクリル酸ナトリウムやポリアクリル酸アンモニウムを加えたNaCl水溶液、ポリアクリル酸ナトリウムを加えたKCl水溶液をpH=1以下にすると、結晶は正八面体から直方体に変化した。これらの溶液に、引き続き過剰量のNaOHを加えてpH=11以上にすると、結晶は再び正八面体結晶になった。

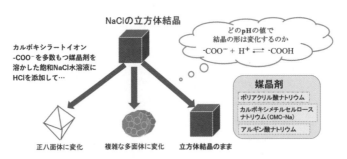

NaClの立方体結晶

どのpHの値で
結晶の形は変化するのか
-COO⁻ + H⁺ ⇄ -COOH

カルボキシラートイオン
-COO⁻を多数もつ媒晶剤を
溶かした飽和NaCl水溶液に
HClを添加して…

媒晶剤

| ポリアクリル酸ナトリウム |
| カルボキシメチルセルロースナトリウム(CMC-Na) |
| アルギン酸ナトリウム |

正八面体に変化　　複雑な多面体に変化　　立方体結晶のまま

1 研究のきっかけ

　食塩の結晶の形に関する研究は、5年前、偶然の発見から始まりました。食塩水の水の蒸発速度を変える方法をいろいろと試す中で、他の実験に使っていたポリアクリル酸ナトリウム（図1）がそばにあったので、飽和食塩水に加えてみました。ポリアクリル酸ナトリウムは紙おむつなどによく使われる水をよく吸う化合物です。すると、一般的に知られている直方体（立方体の結晶を含む）ではなく、正八面体の結晶が容器の底に析出しました。なぜ正八面体が安定なのか研究を進めていくうちに、分子構造の中にカルボキシ基－COOHが電離したカルボキシラートイオン－COOH⁻を多くもつ高分子を加えると、直方体ではない食塩の結晶が析出することがわかりました。特に、ポリアクリル酸ナトリウムを加えると、少量でも必ず正八面体結晶が析出しました。水溶液の中では成長する結晶の形は表面自由エネルギーを小さくする形になります。カルボキシラートイオンが、溶液内のNaCl結晶の表面エネルギーを変える原因になっていると考えたので、$-COO^-$ と $-COOH$ の割合を変えれば、NaCl結晶の形をコントロールできるのではないかと考えました。$-COO^-$ は酸性にすれば $-COOH$ に、$-COOH$ は塩基性にすれば $-COO^-$ に変化します。$-COO^-$ 構造をもつ媒晶剤を加えた溶液内で、「pHを変えれば、さまざまな形の食塩結晶ができるのではないか」と考え、本研究を進めていきました。さらにNaCl結晶と同じ結晶構造をもつKClでもさまざまな形の結晶ができないか調べ始めました。

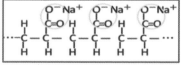

図1 ポリアクリル酸ナトリウムの構造

2 研究のエピソード①

　まず媒晶剤であるポリアクリル酸塩の重合度の違いに注目しました。ポリアクリル酸ナトリウムの濃度に関係なく、NaCl結晶は正八面体になりますが、高分子の重合度が異なることで、結晶面の安定性に違いが生じるかもしれないからです。5年前は重合度が22000〜70000のポリアクリル酸塩を用いましたが、今回は重合度2700〜7000のナトリウム塩と重合度70〜110のアンモニウム塩も用いました。実験を行うと、重合度にかかわらず、時間

が経つと正八面体の食塩結晶が析出しました。そこで、食塩水に混ぜやすい液体状態の重合度2700～7000のポリアクリル酸ナトリウムと、アルギン酸ナトリウム（食物繊維のひとつで海藻に含まれる粘り気のある高分子）やCMC-Na（カルボキシメチルセルロースナトリウム、増粘剤などの食品添加物などに用いられている高分子）を媒晶剤にして、pH値に注目した研究にとりかかりました（図2）。

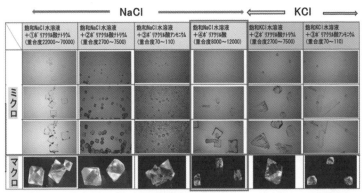

図2 重合度の異なるポリアクリル酸及びその塩を加えたときの結晶の形状変化

研究で大変だったのは、目に見える結晶の形の変化が現れるまでに少なくとも10日ほどかかるため、日々の観察から形の変化を迅速に判断できないので、根気が必要だったことです。立方体岩塩をポリアクリル酸ナトリウムの入った過飽和食塩水に入れ、容器上部をパラフィルムでしっかり覆い、水が極力蒸発しないようにして成長した食塩の結晶は、入学する前から置いてありましたが、1辺が2.5 cmの正八面体結晶に成長していくのにおよそ4年もかかりました。このNaCl結晶は、大きくて、形が整った結晶です（図3）。

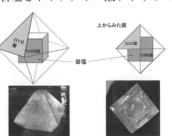

図3 4年かけて正八面体に変化していった立方体岩塩結晶

このように時間をかけることで、表面自由エネルギーが最小になる一番安定な形がゆっくりと現れるのですが、部活動の時間内で変化する様子を短時間で見るために、先輩が行ってきた光学顕微鏡を用いた方法も用いました（図4）。

ホールスライドグラスに垂らした溶液内から水が自然蒸発することで、

NaCl微結晶が成長していく様子を観察、撮影し、タイムラプス画像にしました。この方法は、水の蒸発により媒晶剤の濃度が変化し、結晶面の成長も速いため、直方体が安定なのかそれとも他の形がより安定なのかを判断したり、短時間でのミクロな結晶面の変化をとらえたりするのに役立ちました。

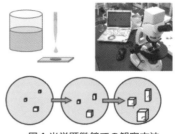

図4 光学顕微鏡での観察方法

3 研究のエピソード②

　次に苦労したのは、目指す形の結晶を析出させるためのpHの変え方です。これまでの研究では、大きなpH値の変化で食塩結晶の形状が大きく変化しました。媒晶剤を溶かしただけの食塩水のpHは、使用したどの媒晶剤でも中性に近かったので、これらの溶液をどれくらいの酸性にすれば、直方体にもどるのか、pH値の境界の見極めが難しかったです（図5）。

　おおまかなpHは万能pH試験紙で確かめました。すると、塩酸で強い酸性にしても、媒晶剤を加えるとpHが変化することがわかりました。そのため、正確なpHをpH計で測定する必要が生じました。pH計は安定するまでにかなりの時間を要し、思ったよりも手間でしたが、実験の基礎となるデータは、発表の際に非常に重要な情報となることも学びました。地道ではありますが、正確なデータを積み重ねたからこそ、研究を更に発展していくことができ、明確な今後の展望を持つことができたのだと思います。研究テーマをより深めていく際は、基礎的なデータに基づいた仮説の設定や実験計画に重点を置きたいと考えるようになりました。

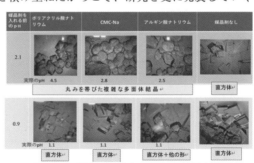

図5 pHの異なる溶液中でのNaCl結晶の形
（実体顕微鏡での観察）

4 英語での発表に向けてのスライドと原稿の作成

　高校化学グランドコンテストで口頭発表をすることに決まり、大会に向けて協力してスライド作成を始めました。芝浦工業大学の先生方にも、最初の数枚のスライドを添削していただきました。この英語スライドのサポートはとても心強かったです。

　一番大変だったのは、英語のスライドの作成でした。良質なスライドを日本語で作るだけでも難しいのに、すべて英語となると難易度が非常に高く、苦戦しました。まず、専門用語やその他の難しい英単語から知っていく必要があり、単語学習から始めました。次に、ある程度単語がわかった段階で、日本語のスライドを英語に翻訳しました。翻訳した文章は間違いや、綺麗な英文になっていないことがあったので、日本語に訳してみたり、読んでみたりして実験内容や結果が正しく表現されているか、正しい英文になっているかを注意深く確認しました。また、誰もが見やすいスライドになるようにも工夫しました。スライド作成にはかなり時間がかかりましたが、最高のものに仕上げることができました。

5 本番前日

　大会1日目、ポスター発表の行われる移動日の朝に、発表メンバーの1人の体調が悪くなり、東京に一緒に行くことができなくなりました。発表の割り振りが急遽変更になりましたが、一生懸命研究していた仲間のためにも、よりよい発表にしようと決意しました。

　ポスター発表では、他校のさまざまな発表を聞いたり、実際の本番会場でのリハーサルを行ったりして、翌日の発表への気持ちが高まっていきました。また、レセプションパーティーで、高校生、大学生、先生方と交流したときに、翌日の発表の応援をしていただき嬉しかったです。ポスター発表を終えた他校の高校生からは口頭発表の参考になる情報を多くいただき助かりました。

　本番前日の夜はホテルでも顧問の先生の部屋で猛特訓。本番当日も出番間際までグループで発表練習を行いました。緊張と期待が入り混じった不思議な気持ちでした。

6 本番当日

本番前はとても緊張しましたが、出番となると、研究を大勢の人に知ってもらおうと、練習以上に気持ちよく発表することができました。他校の興味深い研究に感心しながらも、一生懸命取り組んだ研究が評価されたのはとてもうれしかったです。

口頭発表の様子

7 受賞の感想

初めての化学の全国大会で不安なことも多かったですが、本当に多くのことを経験することができました。他校の生徒からもらった刺激は心強く、今後の発表の際も非常に参考になります。そして、研究の基礎的な部分はすべて過去の先輩方の研究が土台となっています。いままでの研究を積み重ねてきた先輩方、指導してくださった先生にあらためて感謝申し上げます。

表彰式

・特別協賛企業賞について

私たちは普段実験をしている中で、この研究が日常生活に生かされるものだとはあまり意識していませんでした。今回、日本ゼオン・チャレンジ賞をいただけたのは、挑戦を重ねてきた今までの過程を評価していただいたものだと捉えています。素晴らしい大会で、特別協賛企業賞に私たちの研究を選んでくださったことに感謝申し上げます。

・主催してくださった芝浦工業大学について

東京まで4時間近くの長い道のりの後、真っ先に私たちを迎えてくださったのは芝浦工業大学の学生や主催者の方々でした。大規模な大会に不慣れな私たちに、機器の扱い方から口頭発表の概要まで事細かに教えていただいたので本当に助かりました。改めてこの場で感謝申し上げます。

・審査してくださった先生方について

　審査員の先生方からは日頃私たちが着目していない視点での質問をいただき、今後の研究の励みになりました。また、審査員の方々からの講評も後日書面でいただきました。講評の内容は以降の大会の参考にさせていただきます。本当にありがとうございました。

日本ゼオン・チャレンジ賞

日本ゼオン株式会社　創発推進センター
副センター長　坂本圭

受賞校の皆さまへ

2023年の日本ゼオン・チャレンジ賞は、「媒晶剤のカルボキシラートイオンのpHによる変化でコントロールするNaCl型結晶の形（富山県立富山中部高等学校）」に贈らせていただきました。おめでとうございます。

NaClの結晶を作る実験は、小学校時代に多くの人が経験された実験だと思います。ゆっくり水を蒸発させて大きな結晶を作って感動した人も多いのではないでしょうか。その感動を忘れないで、その実験に媒晶剤という新しい知恵を入れて研究をしてくれたテーマ設定が非常に秀逸だと感じました。また、実験に関してもよく考えて、正確に実行されたことが伝わる内容で素晴らしいと思いました。

今回はカルボキシラートイオンに着目して研究が行われていますが、もっと異なる種類のアニオンや、逆にカチオン性の媒晶剤を用いた場合に、どのような変化が起きるのかを調べてみると、この現象の「本質」に更に迫れるように感じました。

化学実験では、「本質を知る」ということが非常に重要です。しかし化学実験は、「風が吹けば桶屋が儲かる」的な形になっていることが非常に多いのです。つまり、「風が吹けば」＝条件設定を変化させると、「桶屋が儲かる」

＝結果が変化する。しかし実は、その事象変化に至るまでの間にはいくつもの化学的な機構が働いているのです。その化学的な機構を解明することこそが、化学実験の真の目的であり、面白さの真髄だと思います。そして、その原理を一般化して人類の知恵＝「論文」にして残して記録していくのです。

しかしそれは非常に大変なコトで、数多くの実験をしないといけません。結果的に目的に対しては役に立たないデータになることもよく起こります。今の時代、それを無駄だと思う人も多いかもしれないですが、私は決してそう思いません。よく考えて、正確に実行された化学実験に「失敗」は無いからです。希望する結果が得られなかった際に「失敗」と思う人は多いと思いますが、それは、その方法では目的を達成できないということを教えてくれただけで、決して「失敗」ではないのです。大事なことは、どうしてそういう結果に至ったのか、その化学的な機構を考えることなのです。化学実験を数多く実行して、そういう経験を多く積み重ねることで知識や知恵が増え、それは後になって必ず役に立つ時が来ます。だから私は無駄ではないと言い切れます。

実は、これは化学実験だけに限った話ではありません。人生をより楽しく、より良くしていくのも同じなのです。だから常に「本質」を追い求めて、多くの経験を積み重ねていって欲しいと思います。何事も初めから上手くできる人なんて殆どいません。だから心配しないで、まずは飛び込んでチャレンジしてみることです。最初から恐れていては何も始まりません。皆さんには無限の可能性があります。チャレンジを続けてより良い人生を切り開いてください！

まだ世界で、
誰も成功していない
というチャンス。

誰にもできないことが、自分にもできないとは限らない。
むしろチャンスだと考えてみる。だって、実現できれば世界初。
なにより、新しい化学には、見たこともない笑顔を、
聞いたこともない夢を、生みだす力があるのだから。
さあ、腕の見せどころ。技術と可能性を信じて進もう。
世界を変えるソリューションを、世界中に届けるために。

挑戦の先に答えはある。

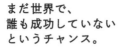

日本ゼオン株式会社　www.zeon.co.jp

Chapter 4

審査委員長賞
受賞

α位置換したジベンゾイルメタンフッ化ホウ素錯体の新規合成と物性評価

長野県諏訪清陵高等学校
化学部
Members
宮坂直人、荒川歩輝 、小井出遥斗、真壁啓太、守谷虎太朗、上松稜大、丹沢優香

指導教員
市原一模

研　究　概　要

　ジベンゾイルメタンフッ化ホウ素錯体（BF₂DBM）は、光機能性分子として有用であるため広く研究されている。本研究では、先行研究の少ないジオキサボリン環のα位への置換基の導入に着目した。先行研究や量子化学計算により、α位へ電子供与基を導入することで分子内電荷移動（ICT）特性や凝集誘起発光（AIE）特性を付与できることが示唆された。本研究では電子供与基としてプロピル基やカルバゾール、ピロール、イミダゾールを導入した新規分子の合成を試みた。

　また、Morrisらの先行研究によりICT特性を示すと示唆されていたα位をメトキシフェニル基で置換した分子の厳密な物性評価と、プロピル基で置換した分子の物性評価を行った。

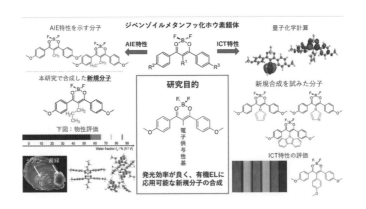

1 未来に輝け！　シャイニング有機合成班

〜我々は選ばれた、未来を照らす光となることに〜

　私たち有機合成班は3年生2名、2年生3名、1年生3名の計8名で活動しています。有機合成班は化学部の4つの班の1つであり、最高にクールでロックな班です。なぜなら、世界初の分子を作っているからです。世界初の分子を作るのは難しいように聞こえますよね。はい、もちろん難しいです。ですが、私たちは星に選ばれし者、言わば *Star Children* なので、この世を照らす光を生み出すことを可能にしています。

2 *Shining Star*：オリジン

　有機合成班は2021年の冬に始まりました。信州大学伊藤冬樹教授からのご提案のもと、宮坂くんと荒川くんが研究を立ち上げました。これは偶然の出会いでしたが、必然のことだったのかもしれません。まるで彦星と織姫が恋に落ちるように。

　宮坂くんと荒川くんは未知のことばかりでとても苦労しました。さらには、目立った成果が出ず、化学部の中で最も将来が不安な班でした。しかし、宮坂くんの放った言葉「光る分子を作るとモテるよ」が小井出くん、真壁くん、守谷くんの心を射止めたのか、新たに3名の新勢力を獲得。それでも、状況はあまり変わらず、夜中まで居残り有機溶媒を嗅ぐ日々でした。普通の人間では心が折れてしまいます。しかしながら、そこは星に選ばれし者。宮坂くんは強くきらめく一等星、諦めることはありませんでした。すぐに帰ろうとする2年生をUFOキャッチャーで箱ごと取ったブラックサンダーで手懐け、本格的に全員で実験を始めました。神は私たちを見ていました。いや、私たちが神でした。世界初の発光分子の合成を成功させました。本物の *Shining Star* になったのです。もちろん、ここまでやってこられたのはご協力いただいた方々のおかげです。

3 *Our Research Routine*

　部活での様子を紹介します。

16:00 授業が終わり、重い足をひきずりながら化学室に到着。他の班員が集まるまで準備や雑談などをして過ごす。

16:30 班員が集まってきたら、合成の仕込みをしようとする。が、大抵の場合実験器具が汚れているので、まず洗う作業から始まる。

17:00 なんだかんだ言ってこのくらいの時間から合成の仕込みをする。合成の条件などを揃えながら、ナス型フラスコ内で反応を開始する。

18:00 実験の片付け等を行って、翌日の抽出作業に気を重くしながら、トボトボと帰路につく。

－翌日－

16:00 化学室に到着。昨日の合成の具合をみて、TLC で確認する。実はこの作業が一番めんどくさい。濃度が濃すぎたり薄すぎたり、曲がりながら上がってしまったりと、結局上手くいくのに30分程度かかってしまう。

17:00 TLC で原料以外のスポットが見られ、反応が進行していることを確認したら、抽出作業に入る。分液ロートでシャカシャカするのがけっこう楽しい。たまにコックを開放したままにしてしまって、中身がほとんど流れてしまうことがある。

18:30 抽出作業が一通り終わったら、ロータリーエバポレーターで溶媒をとばす。この頃になると、疲れ切って椅子に座ったままぼーっとしていることが多い。その後再結晶をして、固形物が出てきたら実験終了。

19:00 片付けまで終わらせた後、解放感に浸りながら帰路につく。

日常の風景

4 信州大学にて

　高校の設備だけでは、目的物の分離ができず、また合成できない分子もあるため、1～2ヶ月に1回くらいの頻度で信州大学教育学部にお邪魔して、施設をお借りし、手助けをしてもらいながら実験をしています。学校からは100 km ほど離れているため、1泊して2日間かけて実験を行います。大学の充実した設備を使って実験できることに感謝しつつ、伊藤教授と藤本さんの手助けをもらいながら実験に取り組んでいます。1日目の夜、実験が終わった後に夕飯を食べに行くのが、大きな楽しみだったり…。

5 別れと出会い〜失って初めて気づく大切さ〜

　楽しい思い出も、辛い思い出も共有してきた有機合成班。今年の春に3名も新人が入りました。やはり、光る分子を作っていると輝かしいオーラが出てしまうものですね。なかでも守谷くんは特に輝かしいです。どんな仕事も華麗にこなし、みんなの面倒も見てくれる人格者です。そんな姿を見て入ってきたのでしょう、新しい仲間は積極的に実験に参加してくれて有り難いです。

　それから宮坂くんと荒川くんは事実上の引退（引退後も手伝ってもらいました！）となりました。2人の絶対的存在がいなくなることに皆が号泣。もはや2人のありがたい言葉は覚えていません。2人がいなくなってからアクシデントが続き、2人の偉大さ、大切さに気づきました。それでも、有機合成班の活気は消えることなく、日々熱心に研究しています。その姿はまるで天井を知らず、どこまでも高く飛び上がる鳥のようで、勇ましく、美しい。進め！！　有機合成班！！

6 高校化学グランドコンテスト〜葛藤と奇行と無念〜

　市原先生より「英語で発表しろ」と言われたときは驚きました。有機合成班のリーダー、宮坂くんは英語で発表などいともたやすくやってのけますが、これは例外です。2年生は英語を読んだり書いたりできても、話すことは苦手なのです。日本の英語教育の賜物でしょう。そして「苦手苦手」と言っておきながらも、原稿ができるのが本番の直前という暴挙に出る始末。しかしながら、偉大な英語科教師とALTの先生のご指導もあり、なんとか本番には形にすることができました。

　コンテストの1日目はポスターセッションであり、他校の素晴らしい研究を聞いたり、企業の方たちとお話ししたりできました。その日の夜に行われたレセプションパーティーを含め、とても楽しく、そして貴重な体験ができたと思っています。僕たちの高校からポスターセッションで参加していた他の仲間は発表終わりの開放感からすこし羽目を外していましたが、次の日に発表を控える僕たちは不安と緊張から一睡もできませんでした。というのは嘘で、いつも通りでした。ある者はカラオケに行き、ある者はゲーセンに行

き、そしてある者は帰るために山手線を半周するという奇行に出て、直前練習に1時間以上も遅れるという失態を晒しました。呆れるほどいつも通りの彼らに、これは明日も大丈夫だろうと安堵しました。

　迎えた当日。いかに有機合成班といえど発表前はさすがに緊張するようで、いつもよりも口数は少なく、みんな自分の担当の部分をぶつぶつとつぶやいたり、原稿の確認をしていました。しかしながら、いったん壇上に立てば、日頃（3日程度）の練習の成果を遺憾なく発揮し、発表することができました。実際は自分の番が終わった後の守谷くんと小井出くんの足はプルプルと震え、まるで生まれたての子鹿のようでしたが。なんとも情けない姿です。そして、発表が終わり肩の荷が降りたといった感じで、少しばかりうつらうつらとしながらも残りの班の素晴らしい研究発表を聞きました。そのあとは海外の高校生の発表に驚かされたり、適度に休憩したりしつつ、結果発表となりました。結果は……4位でした。呼ばれたときは、うれしいという気持ちも、もちろんありましたが、ギリギリ3位に上がれず悔しい気持ちの方が勝っていました。期待していた企業賞もいただくことはできず、しょんぼりしながら帰路につきました。

7 最後のあがき

　入部した頃はここまでできるとは思っていませんでした。一生懸命研究してよかったです。遅くまで残ってダメ出しされた日々も報われたように感じます。そして、ここまでこれたのも周りの方たちのおかげです。信州大学教育学部伊藤冬樹教授、同大学大学院総合理工学研究科藤本悠史様、顧問の市原先生、峯村先生にこの場を借りて感謝申し上げます。そして、実験をともにやってきたかけがえのない仲間たちよ、ありがとう。ここで少しあがいてみようと思います。私たちは有り難いことに審査委員長賞を受賞することができました。全体で4位という好成績でとても満足しています。しかし、金賞はTシャツという賞品があったのですが、私たちにはありませんでした。Tシャツ以上は求めません、せめて私たちにもTシャツください。お待ちしています。

　最後に宮坂くんからの一言でこの化学宣言の締めとしたいと思います。

　化学部での日々　マジ my treasure　羽広げ飛び立つ *my future.*

Chapter 5

審査委員特別賞
受賞

第一三共賞
受賞

一重項酸素の発光を利用した食品中の
ポリフェノールの簡易測定法の開発

大阪桐蔭高等学校

理科研究部

Members
川崎綾真、尾﨑可和、増田優

指導教員
中島哲人、木下光一、有馬実、吉田愛

研　究　概　要

　ポリフェノール骨格に含まれるピロガロール（$-C_6H_2(OH)_3$）部位は、ホルムアルデヒドと過酸化水素と反応すると一重項酸素を発生し、赤く発光すること（Trautz-Schorigion reaction）が知られている。

　食品中にポリフェノールがどの程度含まれているのか、微量な含有量を測定するには、高度な高速液体クロマトグラフィー（HPLC）の装置が必要である。

　本研究ではポリフェノールのピロガロールや没食子酸の含有量と反応で発生する一重項酸素からの総発光強度が比例関係にあることを突き止めた。健康に有用な抗酸化作用があり、緑茶などに含まれるポリフェノールの含有量を総発光強度から求めることができる簡易測定法を開発した。

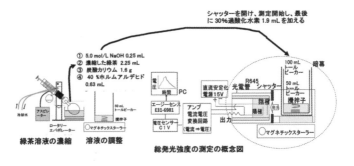

1 実験の経緯

　部室には、もともと物質の発光を測定するための装置がありました。これを利用して何か研究ができないかと調べていたらポリフェノールが一重項酸素を発生させることと、一重項酸素により誘導される発光反応が存在することがわかりました。そこで、この装置を用いれば、ポリフェノールの発光量を測定し、定量できるのではないかと仮説をたてました。「一重項酸素」という言葉を聞いたこともなかったので、顧問の先生に原理を教えていただき、勉強するところから始まりました。

　初めのうちは要領が悪くて、1回の部活の活動時間中で2回ほどの実験しかできなかったのですが、慣れてくるにつれて1回で5、6回は測定できるスピードになりました。みんなで実験の作業を分担して、1つの実験をしているときに、並行して次の測定準備も進めていきました。

2 研究中のエピソード

　研究を始めた頃、誤って光電管のシャッターを開けた状態で、黒い布をとってしまったことがあり、光電管を1つ壊してしまいました。顧問の先生に伝えると、「もうあと1つしか残っていないよ」と言われました。しかも、今使っている光電管は発売中止となってしまった商品でした。また壊してしまうと、もう実験はできないので危機感を感じました。そのため、緊張感を持ち続けながら研究を進めることになりました。

　光電管を壊すという致命的な失敗以外にも、薬品を入れ忘れて発光しない、ピロガロールや炭酸カリウムがうまく混ざらず、総発光強度のグラフにまとめた際にきれいな直線にならないなどの失敗をたくさんしました。しかしながら、諦めずに実験を進めていくと、グラフの質に改善が見られるようになっていき、綺麗なカーブが見られたときには本当に嬉しくて「やった」とお互いに喜び合いました。

3 発表資料製作

　より良い発表にするために、何度も顧問の先生と相談しながらスライドを作りました。私がスライドを修正して先生にメールで送ると、すぐに次の修正指示の返信がくるのでかなり大変でした。先生にメールを送るのは主に平日の夜間と週末だけでしたが、先生はすぐに対応してくださり、本当にありがたかったです。

　発光の動画のスライドはカメラで撮影したのをそのまま使うとわかりにくいので、色のコントラストを調整しました。また他のスライドでは話している箇所がわかりやすくなるようにアニメーションを利用しました。スライドの英語表現については芝浦工業大学の先生がチェックをしてくださり助かりました。比較的英語が得意だったので、「英語そのもの」にかける労力は少なかったです。専門用語の英語の発音は調べましたが、とくに原稿などは作成しませんでした。ただ、先生に「早く話しすぎると、聴衆に理解してもらえない」と言われたので、できるだけゆっくり話すことを心がけました。また練習のたびに話す内容が若干異なり、発表にかかる時間が前後するのでタイマーを見ながら調整していました。質疑応答に答えられるように、基本的なことを調べたり、それでもわからないときは先生に聞いたりしました。

4 発表前日

　行きの新幹線内では、発表の内容を復習しました。リハーサルまでは時間があったので、ポスター発表を見て回りました。ポスター発表が予想していたよりも人が多く、内容のレベルも高くて驚きました。海外の方に説明している人もいて、口頭発表よりも質問の回数が多くなるので勉強になるのではと思いました。リハーサルでは思っていた以上に会場が広くて、グラコンで発表するのだという実感がわきました。

　コンテスト2日目には特別企画が2つあり、興味があったのですが、会場に到着したときにはすでに満席で申し込めなかったのが残念でした。

5 発表当日

　発表の当日の朝は早かったのですが、もともと私たちの家は学校から遠いので、いつも通りの朝という感じでした。会場についてからは少し時間があったので、発表練習と質疑応答の練習をしました。

　いよいよ発表が始まりました。私はとても緊張しました。「緊張のせいで言うことを忘れてしまったらどうしよう」と思うほどでした。いよいよ発表する番になりました。原稿を忘れはしませんでしたが、ほとんど棒立ちだったと思います。

　そして緊張の質疑応答の時間が始まりました。他のチームの質疑応答を聞いていると、とても厳しい質問ばかりだったので、不安でした。そして、1つ目の質問は、「一重項酸素はどのようなものか」という質問でした。一重項酸素がどのようなものであるのかは理解しているつもりではあったのですが、実際に高校生にもわかるように説明するとなるとできませんでした。他の質問には普通に答えられましたが、思うように回答できず後悔が残る形になってしまいました。

6 受賞の瞬間

　他校の発表を聞いていても、「もっと質疑応答の練習をしておけば良かったな。完璧に理解するまで調べればよかったな」とずっと後悔していました。

　後悔しているうちに表彰式が始まりました。はじめはポスター賞の発表です。ついに口頭発表の表彰です。まず、5位の審査委員特別賞の発表でした。私たちの研究の名前が呼ばれました。お互いに目を見合わせました。5位になるとは思わず、ステージに上がると嬉しさのせいなのか、発表のときより会場はとても明るく見えました。賞状を受け取ったとき、審査委員長の先生から「よかったですね」と言われました。その言葉をもらった瞬間が何よりも嬉しかったです。

次は企業賞の発表で、第一三共賞のときに再び私たちの研究の名前が呼ばれました。また驚きをもって2人で目を見合わせました。一段と会場が明るく見え、第一三共の方に「singlet oxygen、勉強になりました」と言われて嬉しかったです。表彰状を渡されたあと、司会の方からインタビューを受けました。「発表では失敗したので、2つも賞を取れると思っていませんでした」と答える仲間の声を聞いて「W受賞したのだな」と実感しました。同時に受賞するのは初めてで、とても光栄に思います。

7 最後に

　高校化学グランドコンテストでは英語での発表をすることができ、良い経験ができました。発表当日は一部の質問にうまく答えられずに失敗したと思いましたが、審査委員特別賞、第一三共賞という2つの賞をいただくことができました。

　研究を進めるにあたり、多くの先生に御指導いただき感謝しています。特に中島先生は、クラブ活動中だけでなく、週末もメールで御指導いただき、ありがとうございました。

　またこの場をお借りして高校化学グランドコンテストの関係者の皆様にもお礼申し上げます。

第一三共賞

第一三共株式会社

渡辺剛史

受賞校の皆さまへ

10 月 28 日（土）、29 日（日）の両日、芝浦工業大学にて、「第 18 回高校化学グランドコンテスト」が開催されました。昨年は残念ながら中止されましたが、今年からは芝浦工業大学が主催します。実行委員会顧問の中沢先生は、なんとかグランドコンテストのタスキを繋げたいと御尽力され、今回実際に開催にこぎつけました。日々の化学活動の成果を発表する機会を失いかけていた高校生の皆さまも喜んだことと思います。私も最初に再始動のお話をお聞きした時には、大変喜んだことを思い出します。

今年は全国から約 80 チームが参加し、一次審査を通過した 10 チームが口頭発表を、約 70 チームがポスター発表を行いました。第一三共は第 12 回から、当コンテストの趣旨に賛同して協賛し、主に生命に関連する内容をテーマとした優秀な研究発表に対して協賛社賞として「第一三共賞」を贈っています。今年は、口頭発表の中から大阪桐蔭高等学校の理科研究部が「第一三共賞」を受賞しました。大阪桐蔭高等学校は「一重項酸素の発光を利用した食品中のポリフェノールの簡易測定法の開発」と題し、ポリフェノール類の含有量を、化学的な反応によって生じる発光量を測定することにより推定するものでした。単離されていない化合物量の定量的な測定は難易度が高く、重要な取り組みになると考えられ、今後もこの手法を適用した更なる応用研究が期待できます。本発表で紹介された研究の動機、実験および考察と質疑が、第一三共賞に相応しいものと判断したため賞を贈呈しました。

我が社はこんな会社

　第一三共グループは、日本で長年にわたり医薬品やヘルスケア製品を提供している企業です。身近なものでは風邪や痛みなどの症状を和らげる市販薬や、医療機関で処方され治療に使用される医薬品など幅広い製品ラインナップがあります。第一三共グループは、高品質な医薬品やヘルスケア製品を通じて、皆さんの健康を支える存在です。将来医療やヘルスケアの分野に興味がある皆さんにも、第一三共グループに興味を持っていただければと考えております。

Chapter 6

金賞受賞

キャベツパウダー成分
（β-アラニン・プロリン・グリシン）が
カイコ・シルクに与える影響

樹徳高等学校 理科部

気付き始めた輝安鉱の魅力

愛媛県立西条高等学校 科学部

塩化鉄(Ⅲ)の電気分解による
2層化の原因について

熊本北高校 自然科学部化学分野

人生の一部始終

埼玉県立春日部高等学校 化学部

固形墨の伝統的な作成法を
参考にした炭素材料が分散した
キセロゲルの作成

奈良県立西和清陵高等学校 サイエンスチーム

金賞受賞

IHI賞受賞

キャベツパウダー成分（β-アラニン・プロリン・グリシン）がカイコ・シルクに与える影響

樹徳高等学校 理科部

Members
諏訪極、齋藤愛美、吉満律稀、須永涼音、庄司ゆい、神田航太朗

指導教員
広井勉、丹羽良之

研　究　概　要

　昨年度までに群馬の農業副産物キャベツパウダー配合人工飼料をカイコに与えると繭重量が向上することを確認しており、本研究ではその理由について調べた。β-アラニン、プロリン、グリシン等を1〜2％配合した各人工飼料を暑さに強い群馬オリジナル蚕品種「なつこ」に与えた。β-アラニン2％、プロリン1％、グリシン1％配合人工飼料をそれぞれ与えたときに繭重量が最も増加した。キャベツパウダーにより繭重量が増加する理由に、β-アラニン、プロリン、グリシンの関与が示唆された。また、β-アラニン2％では繊度(繊維の太さ)が減少するものの、生糸の強度が増加することがわかった。プロリン1％、グリシン1％では生糸の強度に有意差はなかった。生糸の増産に加えて、昆虫食や創薬(昆虫工場)への応用が期待される。

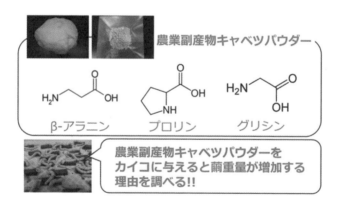

農業副産物キャベツパウダー

β-アラニン　　プロリン　　グリシン

農業副産物キャベツパウダーを
カイコに与えると繭重量が増加する
理由を調べる!!

1 なぜこの研究を始めようと思ったのか

樹徳高校のある群馬県桐生市では、かつては生糸の生産が盛んでした。しかし、近年になって生産量の減少や養蚕業の衰退が見られるようになりました。そんな中「群馬の産業に貢献したい！」「地元に恩返ししたい…！」と考えました。また、群馬県ではキャベツの生産量が日本一であることから、その農業副産物キャベツパウダー（キャベツの芯を凍結乾燥したもの）を活用することで地元に貢献できるのではないかと考え、カイコとキャベツパウダーを組み合わせた研究を始めました。

2 実験の経緯

2015年度から樹徳高校理科部ではカイコ・シルクの研究をしていることを教えてもらい、「伝統を感じるなあ」と思ったのがはじめの印象でした。今年度の研究テーマを決めるとき「カイコ・シルク以外の研究でも良いですよ」と顧問の先生に言われましたが、私たちの中では「この部活の伝統を引き継ぎたい！　カイコ・シルクについてもっと研究したい！」という思いが強く、カイコ・シルクの研究がスタートしました。具体的な内容ついてはJamboardなど、ICTを使い部員同士で意見を出し合い決定しました。

3 研究のエピソード

まずは理科室でカイコを飼育しました。孵化したカイコも無事に2齢、3齢と成長し、ついに5齢になりました。実験の条件を合わせるために雄と雌を分ける必要があります。僅かな違いを見つけられず苦戦しました。慣れてくると「これは雄」「これは雌」とすぐに分けられますが最初のうちは丸1日かけて分けていきました。そして、細かく条件を分けたため約300頭におよぶカイコに毎日餌を与えなければなりせん。そのうえ、1頭ずつ体重を量って平均を出して…。気の遠くなるような作業量で遅い日は放課後19時半まで残ることもありました。8月になってついにカイコが繭になりました。まずは繭重量を測定し、さらに自動化した上州座繰り器で生糸を紡いで、強度を測定して…と、お盆も返上だったため忙しい日々再来‼　という感じでし

たが、日々増えていく研究成果に1年間の作業の疲れも吹き飛んで行きました。

写真1　人工飼料によるカイコの飼育

写真2　繭　左：コントロール・右：β－アラニン

写真3　上州座繰り器

写真4　生糸

写真5　引張試験機

4　発表資料作成に関するエピソード〜山積みの課題

　最初に日本語でスライドを作成し、発表文章の構成を精査していき、そこから文章の翻訳にあたりました。特に英語翻訳に関して困難を極めました。授業の英語翻訳とは異なり、専門用語が満載の内容だったので微妙な訳の違いに頭を悩まされました。例えば、繭の生糸のみの重さを示す「繭層量（けんそうりょう）」という単語を翻訳しようとすると "Cocoon layer amount" と "Cocoon shell weight" の2つの訳が当てはまります。そこから、どちらがより正確に意味を表す訳かを見極める必要があり、ひとつひとつ丁寧に話し合い、時には英語の先生に質問して単語や文章のミスなどを修正していき、より良い発表資料を目指しました。また、コロナの影響が薄まりつつありましたが、直前に学年閉鎖なども発生し、活動時間の確保も難しかったです。今回の英語による口頭発表にあたり、芝浦工業大学からの事前英語プレゼン指導を通して、自身では気がつかない発音の誤りなどを修正できたのは貴重な機会でした。

5　発表前夜〜徹夜でプレゼン練習！？

　1日目のポスター発表が終わり、「いよいよ明日は私たちの出番！　英語

で口頭発表だ…」。徐々に緊張と疲れでみんな顔がこわばっていきました。たくさんの高校生や先生とパーティーで交流を重ね、とても楽しい時間を過ごしました。しかし、そんな時間も束の間、いよいよ口頭発表に向け最後の準備に取り掛かりました。夜は顧問の先生がなるべく本番に近い状態で練習できるよう、宿泊施設近くの会議室を借りてくださり、夜中までプレゼン練習と質疑応答練習に取り組みました。特に時間をかけたのは質疑応答練習でした。あらゆる質問を想定し議論を重ねました。本番前日に浮かんできた疑問、それに焦らずに、夏休み期間の青春の1ページを使って行った研究を振り返り、準備を進めていきました。宿泊施設に帰る頃には疲れ果て口数が減っていきました。宿泊施設に帰ったあとも練習していたり、質疑応答対策をしていたりと、みんな不安をなくすために必死になっていました。気づいたら日付をまたいでいて段々と口頭発表の時間が迫ってきていました…。

6 当日のエピソード〜迫りくる口頭発表…

　アラームが鳴り響き、気づいたら朝を迎えていました。「ついに本番当日…！」大きな緊張の中にあるワクワク感。時間の進みがとても早く感じました。朝から、みんなで本番を想定した口頭発表練習をシバウラキッズパークで行いました。練習を終えると、笑顔がみんなの顔に広がり、緊張よりも「本番頑張ろう！」という声が聞こえ、みんながひとつになった瞬間でした。

写真6　リハーサルinシバウラ
　　　　キッズパーク

　しかし、会場に入り席につくと、緊張感が一気に高まりました。この日のために1ヶ月前から放課後も休日も長い時間練習してきた、待ちに待った口頭発表の瞬間。そんなプレッシャーも抱えながら…。「それでは樹徳高校さんお願いします！」アナウンスの後、自分を信じ、研究に尽力してくださった先生や、応援してくださっている先輩の思いを胸にいざ壇上へ…！　発表を終えると緊張からの開放とともに、全力を出して発表したからこその不安が込み上げてくる場面もありました。「もっとこうできたかもしれない。英語での質疑応答をもっと練習しておけば良かった…」。しかし、こうした不安は頑張った証拠であり、良い経験になったとポジティブに捉え、結果発表

を楽しみに待っていました。「賞をもらいたい！　お願い…！」と祈りながら。

7 受賞の瞬間

　審査委員特別賞、審査委員長賞、化学技術賞、化学未来賞、文部科学大臣賞が選ばれる中で私たちの名前は挙がらなかったことに、悔しさと同時に賞を手にした方々を称える気持ちがありました。最終的に私たちは「口頭発表金賞」に加えて特別協賛企業賞「IHI賞」を受賞することができました。今回の研究は、先輩から引き継いできた研究であり、コロナの影響で先輩たちがこのような発表の機会を逃してきた中、私たちは発表することができました。高校化学グランドコンテストでの受賞は、努力と研究の継続が実を結んだ瞬間でした。

　英語での発表ははじめてで勇気が必要でした。1歩踏み出すことで予想を超える結果が得られることを実感しました。英語での良い発表ができたのは喜ばしい一方で、悔いも残りました。しかし、「世界に向けて研究を英語で発表する」という挑戦は非常に良い経験でした。機会を与えていただき、本当にありがとうございました！

8 指導教員メッセージ

　高校の教育現場では「総合的な探究の時間」が必修科目となり、生徒は自ら課題を見つけ、解決に取り組むことが求められています。この経験は今回の研究や口頭発表にも活かされたようです。

　今回の受賞で地元紙に取材され、賞状やトロフィー、副賞20万円を手にすることができました。これらを通じて、校内外で高校化学グランドコンテストの凄さや研究成果を理解してもらえたことは嬉しいです。文化部にもスポットライトが当たったことは今後の活動の励みになります。芝浦工業大学をはじめ高校化学グランドコンテストの関係者の皆様、IHIの皆様、提供いただいたみまつ食品様、群馬県蚕糸技術センターの皆様、技術指導していただいた群馬県繊維工業試験場の皆様に深く感謝いたします。また、コロナ禍でも研究を継続してきた卒業生に感謝します。

ＩＨＩ賞

株式会社 IHI　技術開発本部

管理部長　佐藤彰洋

受賞校の皆さまへ

　樹徳高校の研究では、特に地元の養蚕業が抱える社会課題に真摯に取り組んでいることと、蚕を育てて糸を紡ぎ強度を測定するまでの一連のプロセスを工学的な観点も入れて研究を進めていることの2点を評価しました。IHIの企業理念「技術をもって社会の発展に貢献する」や、ありたい姿「自然と技術が調和する社会を創る」にも沿っており、IHI賞にふさわしい研究内容でした。一方、パラメータが多いので、サイエンスとしてまとめるのは容易ではないチャレンジングな研究テーマでもありました。全体像をつかみ、各パラメータの相互作用に注意しながら、より小さな要素に分解して研究を行うとよいと思います。社会に即した複雑な課題に取り組むと次々と新しい研究テーマが生まれてきますが、粘り強く仮説と検証を繰り返すことで解決への道が開けてきます。がんばってください。

我が社はこんな会社！

　IHIは資源・エネルギー、社会インフラ、産業機械、航空・宇宙の4つの事業分野を中心に新たな価値を提供している総合重工業グループです。その歴史は、171年前の嘉永6年（1853年）、ペリーの黒船来航をきっかけに設立された造船所から始まります。創業以来、造船で培った技術をもとに陸上機械、橋梁、プラント、航空エンジンなどへ事業を拡大し、社会の発展に大きく貢献してきました。最近では、気候変動対策や持続可能な社会の実現に向けた取り組みに力を入れています。

IHIで「化学」が活躍している例

　航空業界のCO_2排出量の削減に向けたIHIの取り組みをご紹介します。航空機は石油由来の燃料を大量に消費していますが、国際航空運送協会（IATA）は「2050年に航空機のCO_2排出量を実質ゼロとする」という大きな目標を掲げています。IHIはその実現に向け、航空機エンジンの軽量化につながる複合材部品の開発や運航効率の向上、航空機の電動化技術の開発、石油由来でない持続可能な航空燃料（SAF：Sustainable Aviation Fuel）や水素燃料の利用など、多角的な取り組みを進めています。特にSAFは目標達成に不可欠な重要技術です。

　SAFの作り方はいくつかあります。例えば、バイオエタノールと同じように、植物から得た糖を微生物発酵させて作る方法、使用済みの食用油、廃棄油などを高圧下で水素化分解・還元してつくる方法、バイオマスや都市ゴミなどをガスに変えた後に液体化する方法などがあります。しかし、植物や都市ゴミを原料とする方法では、将来的に入手できる原料の量に限界が来ると予測されています。そのため、IHIはCO_2と水素を直接化学反応させる液体燃料合成技術PTL（Power to Liquid）という方法に取り組んでいます。CO_2は工場の排気から、水素は再生可能エネルギーを用いて水から生産することで、トータルで見たCO_2排出量は従来に比べて大幅な減少が見込まれます。空気中から直接CO_2を回収する方法も研究しており、実質的に原材料が不足することはありません。

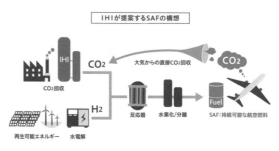

　現在までにIHIは、世界トップレベルの収率で、CO_2と水素からSAFの原料となる液体炭化水素を合成することに成功しています。さらに生産効率を上げるため、触媒の開発と効率の良いプロセスの構築の両方に取り組んでいます。ここでは、「化学」が主役と言っても過言ではありません。将来、高校化学グランドコンテストに参加した生徒たちがこのフィールドに入って活躍してくれることを期待しています。

金賞受賞

気付き始めた輝安鉱の魅力

愛媛県立西条高等学校 科学部

Members

稲見緋夏、西村織羽、寺田莉々子、藤本橙紀、山田長昌、
真木柊弥、笹倉真弘、松下翔太、髙橋由菜

指導教員
大屋智和

研 究 概 要

　愛媛県西条市の市之川鉱山は輝安鉱の巨大な結晶が産出されることで知られているが、巨大化の要因は学術的に未解明である。先行研究では反応促進剤NaOHを用いたSb_2S_3の水熱合成を行い、結晶の巨大化が確認された。しかしながら、市之川にNaOHの存在を示唆する鉱物はなかった。そこで、市之川と同じ水質を有する地下水に含まれていたNaClを用いたSb_2S_3の水熱合成を行なったところ、NaClでは同濃度のNaOHや純水の条件と比べて結晶のアスペクト比が高いことがわかった。また、反応時間を長くするとオストワルト・ライプニング現象により結晶が巨大化すること、アスペクト比が小さくなることがわかった。これらのことから、市之川で針状の巨大結晶が生成するには、短い反応時間と長い降温時間によるものであるという新しい仮説に辿り着いた。

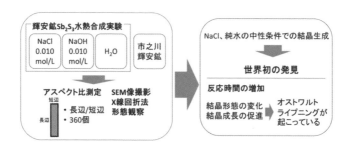

1　入部したきっかけ

　私が科学部に入部したのは、「理科が嫌いだったから」です。多くの入部動機は「理科が面白いから！」だと思います。私はその逆で、少しでも苦手な理科を得意にしたいと思い入部しました。科学部（化学）には、輝安鉱班とおむつ灰班とマグネシウム回収班があります。迷いに迷って選んだ輝安鉱班ですが、最初は研究の楽しさがわからず、何も考えずに実験を進めることが大半でした。輝安鉱の魅力に気付けたのは入部の半年後だったと思います。

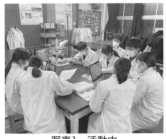  

写真1　活動中　　　　写真2　顕微鏡観察　写真3　アスペクト比の分析

2　初めてだらけの英語の研究発表練習

　口頭発表に選出されたとき、これまでに作成してきた日本語の研究論文を英語に翻訳しはじめました。論文には聞き馴染みのない専門用語が多く使われ、英語の翻訳作業がとても大変でした。翻訳作業が落ち着いたら、次はパワーポイントの作成です。研究論文の翻訳と同様に大変でしたが、知っている単語などが多くなり、英単語を覚えてきた実感がわき嬉しくなりました。

　さらに ALT の先生の協力もあり英語の発音や抑揚の練習に取り組みました。想像していた発音と違うものが多くあり、練習を重ねるごとに改善できました。

3　グラコン当日

　英語で発表することは初めての経験であり、とても緊張しました。また聴衆に輝安鉱の大きさを知ってもらえるように、1 mの輝安鉱の模型を愛媛から持参しました（写真5）。あっという間の発表でしたが、多くの方に発表

を聞いていただき、貴重な経験になりました。また、質疑応答で十分に回答できなかったことは、今後の改善点として取り組んでいきたいと思います。

写真4　発表

写真5　輝安鉱の模型

4　最後に

　今回の高校化学グランドコンテストでは、物質・材料研究機構 NIMS の松下様から校内の英語の先生まで、多くの方にサポートしていただきました。また、審査員の方々には研究についてさまざまなアドバイスやご指導をいただきました。心より感謝申し上げます。これまでいただいたご助言をもとに、今後の研究活動を発展させていきたいと思います。「理科が大嫌い」だった入部当初から、今では研究活動が楽しいと思える上に、化学に対して苦手意識がなくなるほどになりました。

写真6　集合写真

5 班員の感想

西村（2年）：はじめは高校化学グランドコンテストに参加するか、とても悩みました。完璧と言えない実験結果、初めて書く研究要旨に苦戦し、参加を諦めていましたが、先生からの後押しもあり参加することにしました。ポスター発表を目標にコンテストへの準備を始めたところ、口頭発表に選出され、班員全員が驚いて審査ミスではないかと疑ったくらいです。10月上旬の定期考査を終えてから、英語漬けの日々が始まりました。英語というだけで難易度が上がり、上手くいかない日々が続きました。努力を続けた結果、本番では全力を出し切ることができました。高校生で英語の研究発表、しかも大きなステージで発表したことはとても印象的でした。

藤本（2年）：コロナ禍でリモートでの研究発表だけしか経験してこなかった私たちは、対面での発表にとても緊張しました。英語で科学論文を書くことや発表することなど、新しい取組みは大変でしたが良い経験になりました。得意でない英語に加えて、専門用語や発音、抑揚など難しいことが多くて苦戦しました。発表直前は心配で押し潰されそうでしたが、発表後はようやく安心でき、ほっとしました。発表や研究を通して、同じように活動し、支え合えるメンバーや指導してくださる先生方のサポートがあって成り立っていることを改めて実感しました。今回の経験を生かして、私ができることを増やしていきたいです。

稲見（2年）：私はグラコンに参加する予定ではありませんでした。ちょうど手いっぱいな時期であり、班員と顧問の先生がいなければ、私がグラコンのステージに立つことはなかったと思います。発表練習が始まってからも辛いことがありましたが、支えてくれたメンバーには感謝してもしきれません。当日、ステージに立つまでの間は緊張していましたが、発表している間はとても楽しかったです。輝安鉱班の一員としての最後の発表がグラコンで良かったと思います。同時に、準備をしていく中で足りない部分が大いにあることを感じました。これからは足りない部分を埋めていけるように努力を続けていきたいです。このような素晴らしい経験をさせていただき、大会関係者の皆様には本当に感謝しています。ありがとうございました。

寺田（2年）：口頭発表に選出されたと聞いたときはすごく驚きました。嬉しい気持ちと英語での発表という不安が同時に頭をよぎりました。その日から、私たちの英語の猛練習が始まりました。はじめは、英語の授業では絶対に習うことがないような専門用語に戸惑いました。特に苦戦したのは、英語の発音と質疑応答です。これまで発音の正確さを気にしたことがなく、ALTや顧問の先生に何度も指導していただきました。質疑応答の練習では、顧問の先生からの質問に何とか頭から単語をひねり出して答えました。本番では緊張して上手くは答えられませんでしたが、最後まで英語で答えられたことが印象に残っています。コンテストの参加は、想像以上に楽しく、レセプションパーティーで鹿児島県の友達ができたのが一番嬉しかったです。

山田（1年）：初めは、大会に出場することが決まって感無量でした。出場が決まってから顧問の先生に「英語で発表をしよう」と提案があり、2週間みっちり英語の猛特訓をしました。大会本番の1週間前、「間に合うのか」とあせりが脳裏をよぎりました。しかし、ALTの先生とメンバーの支えがあり、発表を時間内に終わらせることができました。また、先生方が何度もモチベーションを上げてくれました。その結果、自信がつき、本番では最高のパフォーマンスができました。参加した経験を今後に生かしていきたいと思います。

真木（1年）：グラコンに出場が決まったときはとても嬉しく感じました。研究発表を英語で行うと聞いた時はとても驚きました。英語は中学生の頃から苦手であり、最初はうまくできるか不安でした。しかし、先輩方やたくさんの先生方に指導をしていただき、どんどん修正して、本番では満足できる発表ができました。発表後は、両親や顧問の先生に褒められ、これまで頑張ってきて良かったと思いました。1年生でこのような経験ができたのは、とても有り難いことだと思います。この研究を支えてくださった皆様にとても感謝をしております。

金賞受賞

塩化鉄(Ⅲ)の電気分解による
2層化の原因について

熊本県立熊本北高等学校 自然科学部 化学分野

Members
古庄琥丈郎、岩嵜澪羽、前田晃佑、河津一介

指導教員
前田敏和

研 究 概 要

　授業で習った酸化・還元反応に興味をもち、塩化鉄の塩酸水溶液を用いて電気分解を行なった。その結果、電極付近を境に溶液の色が明確に2色に分離しているのを発見した。また、この現象は10分程度で確認できなくなることがわかった。本研究ではこの現象を「2層化」と呼び、2層化の原因を鉄イオンの形や塩化物イオン濃度、温度変化に着目して探究することにより、原因を究明することを主目的としている。なお、本研究で塩化鉄塩酸水溶液を用いたのはコロイドによる2層化の可能性をなくすためである。電気分解の詳細な実験から、2層化の原因は塩化鉄の持つ可逆的サーモクロミズム特性とFe^{3+}の加水分解生成物減少によって説明できることを見出した。

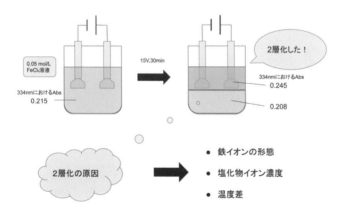

1 遠き旅路の路傍の花

　当初、私たちは地域の観光名所でもある阿蘇山の近くの狩尾地区などに多く埋蔵されている「阿蘇黄土」についての研究を行っていました。内容は「阿蘇黄土から刀をつくる」というものでした。阿蘇黄土の主成分は $\alpha -$ FeOOH であるため、多くの鉄が含まれています。この研究過程で阿蘇黄土を塩酸に溶かして試行錯誤している頃に、ちょうど授業で電気分解について学び、「水溶液にして電気分解すれば鉄だけ取れるんじゃない？」と考えました。そこで、実際に 1.5 V で電気分解を行ってみるものの、鉄は析出しませんでした。そこで電圧を上げ、無理矢理にでも還元させようと 15 V で電気分解を行うとなんと！　樹枝状に鉄が析出したではありませんか。それに加え、実験後片付けようとビーカーを持ち上げるとなんと色が 2 層に分離していました！　その現象に完全に目が釘付けになりました。そこで、この現象は「阿蘇黄土じゃなくてもできるんじゃないか」と考え、塩化鉄を塩酸水溶液に溶かして実験するとやはり 2 層化します。そこで、この現象を「2 層化」とよび、現象を特定する研究へ方向を変更しました。それは、まるで鉄を取り出すという目的地への道中で黄色い花に目を奪われて寄り道をするようでした。

2 水面下に咲き誇る金木犀

　始めはパックテストを用いて色の強度から塩化物イオンの量を調べていました。しかしながら、その方法では正確性が確保できず、どうしても信憑性のあるデータを得られませんでした。そこで、ファヤンス法を用い、より正確な塩化物イオンの濃度を算出しました。ファヤンス法は沈殿の色に注目しないといけない実験であり、集中力が試されました。しかし、塩化銀の沈殿というのは水面下に咲き誇る金木犀のような見た目で美しく、楽しんで実験ができました。実験結果から上層の塩化物イオンがやや少ないことがわかったため、これが原因だと考えましたが、その後の論文調査や、鉄の価数や析出量を調べる中で結論が異なってしまい頭を抱えました。

3 いつもと違う君に気づいた…

　電気分解を行ったところ、偶然、温度上昇していることに気が付きました。「温度が原因なんじゃない？」となり、実際に温度を上げて変化を観察すると、確かに色の変化が確認できました。そのときはコロイドによる色変化であると結論付け、実験を終えて写真を取り、片付けました。ところが、ある日実験後に片付けをせず試験管を放置していると、なんと！「比較用に並べておいた試験管」と「加熱後の試験管」の見分けがつかなくなっているではありませんか！　そこから塩化鉄塩酸水溶液における可逆的な温度依存性色調変化であるサーモクロミズム現象を発見しました（写真1）。その後、同様の現象について文献調査を行いましたがサーモクロミズム現象は報告がありませんでした。これからの展望としては塩化鉄塩酸水溶液の濃度を変えたり、容器を変更したりすることで色から温度を特定したり、特定の温度での色をコントロールする方法を模索しようと考えています。

写真1　実験風景

4 2層化の原因へのさらなる探究

　実験の最中にサーモクロミズムを発見しましたが、色の変化で見てみると橙色の変化では無いことに気づき、他にも要因があるのではないかと考えました。そこで鉄イオンの価数の変化に着目しました。実際に各指示薬を用いて確認すると確かに上・中・下層において鉄の価数に違いが見られました。しかしながら、鉄の価数と層ごとの色変化の理由について、化学的な構造面から考察したいと考えましたが説明できず、一時的に研究が止まりました。文献調査を行うと色の見える仕組みとして電子遷移が関わっていることを知りました。高校化学の教科書には掲載されていなかったため、先生から大学の無機化学の教科書をお借りして理解を深めました。結局よくわからないなという日々が続いたある日、結論について悩みながら帰宅していると急に「加水分解だったら説明できるかも」とひらめきました。それまでは鉄と塩素の錯体を中心に考えていました。帰宅後すぐに、ヒドロキソ錯体に着目した説

明スライドを作り始めました。次の日、先生に考えた理論を説明し、加水分解によるものと結論付け、研究要旨を完成することができました。

　高校化学グランドコンテストの審査結果を知ったのは自転車で帰っているときでした。先生から「口頭発表に残っている」と言われたときは、前田君と大喜びしました。

写真2　金賞

5 指導教員からのメッセージ

　今回の研究では日常生活からの課題や、環境への問題意識などはありません。あったのは純粋な生徒の「なぜ」という好奇心、探究心です。おそらく生徒たちは大学で塩化鉄の研究はしないかもしれませんが、研究において最も大切な姿勢を獲得できたのではないかと思っています。

写真3　理科室の風景

6 謝辞

　今回研究発表を行うにあたり、ALT のアリソン先生、マシュー先生には英語でのプレゼンテーションについて最後までご指導していただきました。また、本校の岩崎先生、橋口先生や日本リモナイトの田中様には研究の内容に対しての質問をしていただき、さらなる研究への理解に繋がりました。学校警備員の皆様にはいつも遅くまで見回りをしていただき、「もう生徒昇降

口のシャッター締めちゃうよー」と声掛けされたのもいい思い出です。

　家族は、週末の部活のたびに朝早く起こしてくれ、弁当も作ってくれました。大会当日も飛行機に間に合うよう早い時間に起こしてくれ、見送りもしてくれました。大会での発表も配信で見てくれていて（見られたくないという気持ちもありましたが）、「内容はよくわからなかったけど英語すごかったよ」と言ってもらえて嬉しかったです。先生や部員だけでなく、家族の存在は大きな心の支えになりました。

　後輩たちには実験中も、実験でないときも拠り所となってくれました。目を離すとすぐに「冷蔵庫から魚の匂いがします！」「セロハンテープ落として壊しました！」「一緒に泥団子作りましょうよー」などと奇想天外なことをして、化学室をにぎやかにしてくれました。おかげでとっても楽しく実験できました ^^。また研究内容を理解しようと発表を熱心に聞く姿もあり、安心して来年に託せそうです。

　谷先生には普段の実験をサポートしてくださるのはもちろんのこと、「東京楽しんで来てね」とわざわざ寸志を持たせてくださり、後日、谷先生から「当日ドキドキしながら自宅のテレビの前に正座して発表を見ていた」という愛らしい話を聞きました。

　そして前田先生。研究において最も協力していただき、各種大会への申込みから研究に関する論文調査まで、自らの研究の如くサポートしていただきました。グランドコンテストへ提出する研究要旨作りの際には、夏休みや土日、大学の無機化学の参考書や英語の論文とにらめっこを続け、長い日で11時間ほど研究に対する議論もありました。私たち以上の情熱をもって接していただきました。谷先生、前田先生とこんなに生徒思いの先生はなかなかいないと思います。

　クラスメイトも発表をYouTubeで見たらしく、ほんっっっとうに沢山の人々に支えられているのだと実感しました。私たち4人だけでは絶対にここまでの研究はできませんでした。研究を支えてくださった全ての方にこの場を借りて謝辞申し上げます。ありがとうございました！！

金賞受賞

人生の一部始終

埼玉県立春日部高等学校 化学部

Members
池田凰介、大内心輔、関根啓吾

指導教員
安部宙明

研 究 概 要

　硫酸銅を含む食塩水（CuSO₄＋NaCl aq.）と金属アルミニウ
ム板（Al）の酸化還元反応は塩化物イオンCl⁻が必須であり、Cl⁻
濃度と反応速度には正の相関があった。反応速度を直接求める
ことは困難であったため、本研究では反応時間あたりのCu²⁺の
吸光度の減衰（以下、減衰率と呼ぶ）を反応速度に見立てて調
査を行なった。

　反応経過時間に対して衰退率をプロットすることで、Cu²⁺と
Alの酸化還元反応が、「Cl⁻がAl板の酸化被膜を溶かす過程」と
「露出した純AlとCu²⁺が酸化還元反応をおこす過程」の2つにわ
けられることを突き止めた。

　また、Cl⁻濃度と減衰率の相関を利用して、Cl⁻濃度定量を試
みた。Cl⁻濃度に対して減衰率をプロットすることでCl⁻濃度を比
色定量できた。Cu²⁺とAlの反応からの定量は史上初である。

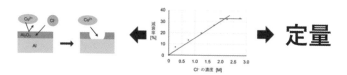

1 イントロダクション

　執筆依頼の通知。なんとなくPCを起動。目に飛び込むWordの青。うーむ、思いつかん。昨年の「高校生・化学宣言」をペラ。ふーん。研究で辛かった事を書くのだな。ぐるぐるぐーる、ない。

　ここで自己紹介、池田颯介。研究の中心人物は不遜も謙遜もなく私なので、私が筆を執ることにした。因みに受験生である（現在12月）。前文からわかるように私は体裁を守る気がない。だから、どうか軽い気持ちで読んでほしい。因みに写真1の左が私である。

写真1　溶液調整

2 高校1年6月

　研究開始。『服を溶かすスライムを作ろう』が最初の研究だった。アセトン入りのスライムでアセテート繊維を溶かすのだ。お湯を沸かし、スライムを作り、アセトンを流した。おや？　読む手が一度ここで止まったら勘が良いね。アセトンが気化して、できたのはただのスライム。反省を活かし水で再度実験。1日置く。おっと？　もちろん気化したよ。ここで客観視、発表会を想像した。発表後、締めに聴衆に向かって「コレであなたの服を溶かしちゃうにょ〜ん（ニチャア）」。決まった。いや、キモすぎ。止め止め。

3 高校1年7月

　天啓。$CuSO_4$水溶液にAl板を入れても酸化還元反応は進行せず、$CuCl_2$水溶液では進行したのだ。これはCl^-がAl板の酸化被膜を溶解する為だった。そこで、Cl^-の濃度を変化させ、一定時間における反応の進行度を調べると、Cl^-の濃度と比例関係になる上、ある濃度で頭打ちになるという2つのことがわかった。この比例関係からCl^-の定量とこの反応の挙動の解明について研究を行った。

　くわしいことは要旨集を参照か、もしくはページ最後の我が部のインスタで直接聞いてほしい。質問随時募集中。彼女もどしどし、募集中。頼む。後者を特に頼む。

4 高校1年8月

　本格的に研究活動が始まった。あの頃は化学室に入るのが本当に嫌だった。皆、想像して。ここは男子校の化学部。ほら。変人しかいないでしょ。その中で群を抜いて変な奴がいた。安部宙明という男だ。そう、私の研究指導教員兼恩師だ。

　ここで少し先生について語ろう。正直、私は先生が苦手だった。だって、グルコースの構造を見て「日本刀を思わせる冷たい美しさ」とか言うし、無水マレイン酸をロボに見立ててギター持たせるし。「こいつ、なんなんだよ。キモいよ」そう思った。でも時を重ねるうちに、先生は化学の有用性と危険性をよく理解し、化学が好きなだけだとわかった。その頃には私も無水フタル酸に女性的な妖艶さを見出すほど化学の沼にはまっていた。よくも沼に落としたな。感謝する。

　そこから、時間を忘れ研究に没頭した。先生は残業を何度もし、付き合ってくれた。時に、考えが食い違い言い争うこともあった。そんなとき先生は私を1人の生徒としてではなく1人の研究者として見てくれた。だからこそ後悔はひとつもないのだろう。有難うございます×10ぐらいかな（少ないなww）。

　先生の下で研究ができて本当に良かった。他の誰でもない、安部宙明という小さくも（身長150 cm）、大きい男の生徒で幸せだ。言うのは癪だが大好きだ。あ〜癪。

5 高校2年6月

　最大の緊張。ドアノブを持つ手が震えていた。「武者震い」と言い聞かせる。浅い呼吸と妙な浮遊感。隙間から見える大学教授4人。これから教授たちに向けて発表をするのだ。なぜか、一歩が踏み出せなかった。そこに友人K「どーして行かないの。ほら」ドン。扉を勢いよく開ける友人K。怒られる。「ノックをしなさい」だそうだ。そりゃそうだ。でも、緊張がほぐれた。そのおかげで、発表は上手くいった。

　次は質問対応。初めて自分の言葉で喋る。教授と目が合うと、話し方すら忘れ、闇が私の視界に降りたよう。やっとの思いで言葉を紡ぐが、教授には届かず霧散した。言いたいことが何も伝えられないから余計焦る。私はこの

場を恐れていた。

　では、どうすれば良かったのか。会話を楽しめば良かったのだ。気負う必要などなかった。わからなければ「わからない」と、面白かったら「うけるー」と（これは言い過ぎ）。でも、論破しようとしてはいけない。化学好き同士が会話をするだけだ。これが本稿の唯一の為になるところだ。君の心に少しでも残ったら嬉しい。

6 高校3年8月

　研究に没頭して、あっという間に時がたち、二度目の全国大会。最後の発表会。しかし私は、絶対勝つと意気込んではいなかった。同級生は受験勉強を始め、まだ研究をしている私を馬鹿にした。でも、まわりにはかつての私のように目を輝かせ発表をする後輩。嫌でも思い出す、研究の面白さ。帰りの新幹線では頼りなかった後輩が研究についてずーっと議論していた。成長を感じ嬉しかった。でも、そこにはもう、私の席はないような気がした。新幹線の通路が私と彼らを別かつ。儚かった。駅に着くなと願う。もう少し、もう少し。そんな気持ちと裏腹に新幹線は加速。彼らは疲れ、もう寝ていた。反対側を向く。窓からの夜空は滲んでよく見えなかった。でも、美しいということだけはわかった。

　数か月後、グラコンの案内が飛び込む。脳を駆け巡り、下す決断。ひとりでやる。何もかも。しかし上手くいくはずもなく。そこに一筋の光。後輩と先生が手を差し伸べてくれた。そこから時が経つのが一瞬だった。楽しくて、楽しくて、たまらなかった。

7 グラコン当日

　ここで後輩の大内心輔です。「あんま当日のこと覚えてないわ（先輩談）」らしいので、当日、僕が最も衝撃だったことを書きます。それは、壇上でキーを押す先輩の手が震えていたことです。もうおわかりでしょうが、池田先輩はヤバい人です（具体例を挙げたいところですが、およそ活字にするのは憚られました）。だから緊張なんかしないと思っていました。しかし、結果発表のときは「頼む神様…いや、神は神に加護を与えないな…」と呟いたり、

完璧だと思っていた先輩の、人間らしいところが見られて嬉しかったです。最後に、池田先輩と一緒に研究できたことは僕の人生の財産です。だから、逮捕だけはされないでください。倫理観皆無の人体実験とかもやめてください。それだけはお願いします。以上です。

写真2　震えていた手

8 最後に

　再び、池田です。財産だなんて www。後輩たちの忠告、2割ぐらいは覚えておこうと思う。彼らにはとても助けられた。でも、ここでは言わないでおく。というか言えない。だって文字数が余ってないから！　最後に、私は将来、高校生が、いや全ての科学者が興味の赴くままに研究することを可能にするような、そんな仕事がしたい。とりあえず、今言いたいのは化学を好きで居続けてほしい。これだけだ。また、どこかで会おう。その時は、研究を肴に酒でも飲もう。

写真3　化学部全員集合

9 指導教員より

　君が入部してきたとき、「ぶっとんでる生徒が来たな」と思っていました。しかし、化学に目覚めてからの君の成長速度には目を見張るものがありました。研究活動以外にも、科学教室等のイベントでリーダーシップを執ったり、交換留学のホストファミリーになってみたり、何事にもチャレンジしてグングン成長していく君の姿にはこの2年間驚かされっぱなしでした。

　君の、化学にかける熱量と後輩たちを引っ張っていく背中はほんとうに頼もしかったです。

　君のような人の成長過程に立ち会うことができてほんとうに楽しかった。ありがとう。おつかれさま。

　最後に、私の身長は165 cmです。ネガキャンは許さぬ。

@KASUKABE_CHEMISTRY

金賞受賞

資生堂S/Park賞
受賞

固形墨の伝統的な作成法を参考にした
炭素材料が分散したキセロゲルの作成

奈良県立西和清陵高等学校 サイエンスチーム

Members
吉岡歩環、卯川愛里紗

指導教員
早川純平

研 究 概 要

固形墨は奈良の特産品であり、煤と膠の混錬に次ぐ成型、乾燥により生成されるキセロゲルであることが知られている。本研究は固形墨作りからヒントを得て、フラーレンC_{60}、カーボンナノチューブ、ナノダイヤモンド、グラファイト、グラフェン、カーボンナノホーンなどの煤にとらわれない炭素材料を用い、膠を活用し、炭素材料が分散したキセロゲルの作成に成功した。また、2種類の炭素材料を組み合わせることで複数の炭素材料が分散したキセロゲルを作成することにも成功した。さらに、電子顕微鏡を用いた観察により、作成したキセロゲルの表面状態を明らかにし、硬度計で押し込み硬度を、抵抗率計で表面抵抗率をはかり、キセロゲルの物性を種々測定したうえで、作成したキセロゲルの材料への応用を指向した。

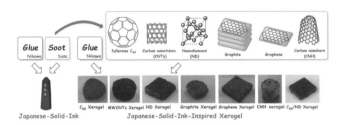

1 なぜこの研究を始めようと思ったのか？

研究を始めたきっかけは、早川先生に「サイエンスチームに入らないか」と声をかけていただいたことです。中学生時代から理科が好きだった私は、純粋に楽しそうだと思い、入ることに決めました。チームの先輩方3名は、後輩である私を快く受け入れてくださり、とても優しく接してくださいました。先輩たちは地元・奈良県の伝統品である墨に興味を持って研究を進め、実際に種々の炭素材料が分散した水分散液の調製に成功しました。この先行研究から、私たちは固形墨に着目し、固形墨の伝統的な作成法を参考にした炭素材料が分散したキセロゲルの作成に取り組むことにしました。人生で初めての研究と、世の中にない物質を作り出すということに強い希望を持って先輩たちと共に研究を始めました。（吉岡）

友達に誘われて、サイエンスチームに入りました。最初は何を研究しているのか、何のために実験しているのかわかりませんでした。それでも、教えてもらううちに、少しずつ研究内容について興味が湧いてきました。高校卒業までに、チームでの活動を通してもっと知識を身につけていきたいです。（卯川）

2 実験の経緯

まず、墨作りの老舗である墨運堂を訪ね、職人の方に墨作りの方法を教えていただきました。そこから検討を重ね、実験室での墨作りを確立しました。初めは墨をまとめあげること自体に苦労しましたが、回数を重ねるうちに徐々にコツがわかり、いまでは簡単に作り上げることができるようになりました。次に、墨作りの方法を拡張して種々の炭素材料を用いてキセロゲルを作成しました。さらに、そのキセロゲルに対して物性評価を行うことにしました。

電子顕微鏡での表面観察や表面抵抗率・硬度の測定、密度を見積もりました。校内の実験室で測定できないものは県の施設を訪れ、機器をお借りして測定しました（写真1）。また、京都大学を訪れ、宮内雄平教授にアドバイスをいただきながらラマンスペクトルの測定も行いました（写真2）。メン

バーと協力しながらサンプルを作成し物性評価を行うなど、少しずつ研究を進めデータを集めました。

写真1　奈良県産業総合振興センターで高抵抗率計の測定をする様子

写真2　京都大学の宮内研究室でラマン分光を測定する様子

３ 研究中のエピソード

　研究の中で大変だったことは主に２つあります。

　１つ目は研究の方向性を決めることです。研究は進めていく順序や方向性に正解がありません。そのなかで得られた結果と知識から仮説を立て、顧問の先生やメンバーと話し合って研究の方針を決めます。初めは自分の意見が無く、周りの意見に賛成していましたが、徐々に発言できるようになりました。また、異なる視点からの意見を受け入れ、擦り合わせていくなかで、思いつかなかった選択肢を見つけることもできました。

　２つ目は研究成果の発表です。私たちは多くの口頭発表やポスター発表を経験しました。経験を重ねる中で、大勢の方々の前で話すことに対して、苦手意識がなくなりました。しかしながら、質疑応答は発表の機会が何度あっても大変だと感じます。質問者の意図を捉えることに加え、わかりやすく端的に返答することがなかなかできません。この点を克服するため、練習を重ね、今後の発表に向けて精進したいと思います。（吉岡）

　作成したキセロゲルの押し込み硬さや表面抵抗率を測定しました。また物性評価のために作成したキセロゲルを割ることに苦戦しました。予想以上に硬く、強く力を入れても割れなかったです。様々な方法を試して作成したキセロゲルを割り、乳鉢ですり潰して半紙に染み込ませ、表面抵抗率を測定しました。測定結果の数値を見るときは、すごくわくわくしました。（卯川）

4 発表資料作成に関するエピソード

　私は第63回フラーレン・ナノチューブ・グラフェン総合シンポジウムで発表を行った際に（2023年3月2日）初めて英語でのスピーチを行いました。短い文章ではあったものの、ALTの先生に助けていただき、何度も練習を重ねました。その経験もあり、本コンテストでは12分間の口頭発表を英語で挑戦することに決めました。発表に向けての取り組みの中で、英語スピーチの練習が一番大変でした。学校の英語の先生に練習を見ていただき、アドバイスを参考に、発音やアクセント、抑揚に気をつけながら繰り返し練習を重ねました。大学受験と時期が被っていたため、練習期間が少なかったこともあり、原稿全てを覚えることができなかった悔いが残っています。また、ALTの先生や英語の先生の音声と、自分の音声を録音し、聴き比べるというのは普段しないので、自身の英語力と向き合う機会にもなりました。（吉岡）

　本コンテストではスピーチを英語で行い、スライドを英語で作成しました。私は発表の際に、指し棒を使い資料の注目先を誘導しました。聴衆に研究内容が伝わりやすいようスピーチに合わせて、指す位置とタイミングを考え何度も練習しました。（卯川）

5 発表前日、当日のエピソード

　1日目は他校のポスター発表を見て回りました。私たちもポスター発表の経験はあったので、私たちのポスターと比べてみたり、発表を聴いたりして、学ぶことが多くありました。どのグループも研究を心の底から楽しそうに生き生きと発表していて、素敵な空間だと感じました。また、企業の方々のお話をお聴きするのも、興味深くて楽しかったです。その後の懇親会では、色々な人と交流をしました。台湾からきた学校と交流をしたのがめったにない経験なので印象に残っています。2日目は口頭発表を行いました。発表は8番目で、順番が近づくにつれて、徐々に緊張が高まりました。声が震えているのがわかったし、息継ぎをすることすら難しかったです。なんとか発表を終えたと思うと、続けて質疑応答が始まりました。質問の意図を捉えられず、思うように答えられないときがありました。後からメンバーとたくさん反省

しました。研究発表で訪れる東京は2度目でしたが、充実した時間を過ごすことができました。コンテストが終わってから、シンガポールの学校とも交流をすることができて、最高に楽しかったです！！（吉岡）

　発表前日はポスター発表を見学しました。ポスター発表では、研究をわかりやすく、楽しく説明している人が大勢いました。正直、人前で何かを説明したりするのが苦手なのでその姿を見て感心しました。口頭発表当日は、とても緊張していてあまり記憶がありません（笑）。私たちの前の高校も、緊張しているはずなのに生き生きと発表していました。発表前に、「笑顔で自信を持って発表しよう」とメンバーと約束しました。しかし、緊張と焦りで思うように発表することができなかったので後悔しています。このチームに入ったばかりの私は知識が浅く、質疑応答でメンバーが困った際にサポートすることができませんでした。次の機会にはより上手な発表を目指します。（卯川）

写真3　懇親会で台湾の高校生と交流　　写真4　チームゲルでの写真！　シンガポールの高校生と

6 受賞の瞬間の感想

　純粋にとても驚きました。発表に満足していなかったので、受賞校が呼ばれていく中で、徐々に気分が沈んでいきました。しかし、最後の最後に「資生堂 S/Park 賞」の受賞校として高校名が読み上げられ、まさか受賞できるとは思っていなかったので、とても驚きました（写真5）。そして促されるがまま登壇し、賞状と盾を受け取り、インタビューを受けました。驚きでなんと答えたか記憶が定かではないですが、笑いが起こった覚えはあります（笑）。先輩方の先行研究からヒントを得て、先輩方と共に取り組んできたこの研究で受賞できたことをとても嬉しく思います。受け継いで取り組んできたこの研究がさらに後輩たちに受け継いでもらえるよう、短い期間ではあり

ますが、卒業まで精一杯研究を続けていきます。（吉岡）

　私は発表が思い通りにいかなかったので、受賞できないと思っていました。そんな時に資生堂S/Park賞に選んでいただき、戸惑いながらも壇上にあがりました。受賞できるとは予想していなかったので、すごく驚きました。選んでいただき本当にありがとうございます！（卯川）

写真5　資生堂S/Park賞をいただきました！！

7 最後に

　この研究は、沢山の方々に様々な面から支えていただきながら進めてきました。カーボンナノホーンをくださった飯島澄男先生や、ラマンスペクトルの測定にご協力いただいた宮内雄平先生をはじめ、試薬の提供・物性の測定に協力してくださった方々、研究内容について意見やアドバイスをくださった皆さまに心から感謝しています。また、本コンテストでの発表に向けた練習では学校の先生に支えていただきました。ALTのイザベル先生、英語科の平岡先生、谷先生など、練習に付き合っていただき、さまざまなアドバイスをくださり、本当にありがとうございました。

　そして何より、このサイエンスチームでの活動を普段から最も支えてくださっている早川純平先生への感謝の気持ちでいっぱいです。感謝を忘れず、さらに成果を出せるよう今後も研究を進めていきます！！

資生堂 S/Park 賞

株式会社資生堂　みらい開発研究所　シーズ開発センター
センター長　加治屋健太朗

受賞校の皆さまへ

　奈良県立西和清陵高等学校サイエンスチームのみなさん、資生堂 S/Park 賞受賞おめでとうございます。みなさんの研究成果を拝聴させていただき資生堂 S/Park 賞にふさわしい研究であると判断し賞をお贈りしました。

　今回皆さんに資生堂 S/Park 賞を贈った理由は、研究の内容の素晴らしさはもちろんのこと、特にみなさんのアプローチに共感したからです。みなさんが、1400 年に渡り職人の手によって受け継がれてきた地元奈良県の伝統工芸品である固形墨に西洋の科学でアプローチしている点に資生堂の研究開発理念と共通点がありました。資生堂の研究開発理念として、一見相異なる価値や両立が難しいと思われる価値を融合し、新たな価値を生み出す「DYNAMIC HARMONY」という研究開発の考え方があります。それは、資生堂の社名が中国の古典、四書五経の『易経』の一節、「至哉坤元　万物資生」を由来とし東洋の叡智を重んじる一方、漢方薬が主流の時代にあっても西洋科学である最先端の薬学をベースとする、日本初の民間洋風調剤薬局を明治時期に創業したなど、「東洋の叡智と西洋の科学との融合（東洋の叡智×西洋科学）」が資生堂の成り立ちであることに端を発するものです。そして、固形墨の成分を活用し産業への応用を目指している点もメーカーとして高く評価させていただきました。

高校生の皆さまへ

　身近なものを見て感じた探求心や好奇心を是非、大切にしてください。まず、自分が面白いと思えることが一番です。そんなきっかけが研究となり、人々の想像を超える発見にもつながっていきます。何よりも科学を楽しむことが第一です。科学は楽しい！　将来、社会人になってもその気持ちをいつまでも忘れないでください。

我が社はこんな会社！

　資生堂は1872年に創業して以来、スキンケア、メイクアップ、フレグランスなどの「化粧品」を中心に「レストラン事業」「教育・保育事業」など幅広く展開しています。美の力でよりよい世界を。それが、資生堂の企業使命です。世界中のお客さまの生活に新しい価値を創造し、資生堂にしかできない「ビューティーイノベーション」で社会に貢献するために、化粧品領域だけに留まらず、生涯を通じて一人ひとりの健康美を実現する「パーソナルビューティーウェルネスカンパニー」を目指しています。

　その実現の鍵となるイノベーション創出の基盤は研究開発です。2030年までの研究開発ビジョンとして、「We are the engine of BEAUTY INNOVATIONS」を掲げ、「Skin Beauty INNOVATION」を中心に、「Sustainability INNOVATION」、「Future Beauty INNOVATION」という3つをイノベーションの柱としています。これまで培ってきた皮膚科学、材料科学、感性科学領域の研究力を基盤に、さらにサステナビリティ、デジタルテクノロジー、インナービューティー、美容機器の領域にも注力し、肌だけに留まらず、肌・身体・こころの関係性を解き明かすことで、化粧品だけではない幅広い価値の提供を目指しています。

　美容領域の先端研究を推進する研究拠点は、日本を始めアジア、ヨーロッパ、アメリカの計6か所にあり研究所員数は約1,200名（2021年時点）にのぼります。それぞれの地域特性を活かし、その研究成果をグローバルに展開しています。また、大学と新講座を開設して産学連携を図り、さらに他企業とも連携してデータ解析を進めるなど外部との連携も積極的に行い研究員全員のDNAを結集し、さらなる「DYNAMIC HARMONY」で資生堂の未来を紡ぎます。

審査委員講評 Part1

巽 和行（審査委員長・名古屋大学名誉教授）

　口頭発表はすべてすばらしく、研究内容と発表の両方において高い水準ばかりで、甲乙つけがたく順位付けには大変苦労しました。ユニークな研究課題に向けた研究や化学のプロと見紛うような専門的な高度な研究もありました。それぞれのテーマの特徴が表れた発表がなされ、興味深く拝聴しました。英語での発表が多くあり、発表者の熱意と化学に対する情熱が伝わってきました。発表および質疑応答は参加された生徒の皆さんにとって初めての経験であったでしょうから、緊張されたことでしょう。それでも皆さんにとって、かけがえのない経験になったことと思います。高校生の研究を指導された先生方のご尽力にも感謝いたします。

相川 京子（お茶の水女子大学理学部化学科教授）

　高校生の皆さんが課題を選び、長い時間をかけて検討を進めた研究は、大きい課題を対象としたものから微細な物質を対象としたものまで、そしてたくさんのデータ集積が必要なアプローチから、狙いをつけた物質を作り上げていくものまで様々でしたが、どの発表も大いに聞き応えのある内容でした。時間の都合かもしれませんが、なぜその課題を選んだのか、その方法を選んだのか、その条件を選んだのかなど、研究活動の各ステップでどのように意思決定して進めて行ったかについても言及があると、着眼のユニークさや皆さんがどう主体的に取り組んで行ったかがより伝わりやすいと思いました。

中沢 浩（大阪市立大学名誉教授）

　今までもそうでしたが、今年の発表も総じてレベルが高く感心しました。研究テーマ選びにも地元ならではの題材や独自の視点からのアプローチが見られて、工夫が凝らされていると感じました。また高校で習う化学の範囲を超えて、独自の調査や自分で勉強して真実を追及していこうという探求心と積極性が見られる素晴らしい発表が多かったです。多くの発表が英語で行われており、グローバル化を見据えた高校生のチャレンジング精神にも感心しました。

野村 琴広（東京都立大学理学部化学科教授）

　口頭発表会を通じて、皆さんの熱意ある発表に触れるとてもよい機会となりました。実験内容はいうまでもなく、英語での発表もしっかりと準備されている印象を受けました。ご存知の様に、化学は実験結果を基に筋道を立てるので、思いがけないことや結果に出会うこともあるかと思います。再現性よく結果が得られた際には、しっかりとした「観察力・考察力」を持って、テーマに取り組んで頂きたいと思います。発表された皆さんの熱意を感じ、私自身も研究の原点に戻ったよい機会となりました。お礼申し上げます。

永 直文（芝浦工業大学工学部応用化学科教授）

　口頭発表はいずれもレベルが高く、優劣つけ難い内容でした。発表で紹介されたデータだけでなく、それ以外にもたくさんの実験、検討を行われていることが読み取れました。また、多くの方が英語で発表されており（上手でした）、スライドも素晴らしかったです。ポスター発表も、高校生のユニークな視点から取り組まれていることに感銘を受けました。「グラコン」での発表は、生徒のみなさんが主体となってテーマを設定し、協力して実験した結果を自分たちでまとめるという一連の「研究活動」を経験できることが最大の魅力と思います。これからも日頃の活動の中で面白いことを見つけたり出来たら良いなと思うことを考えたりし、それを解明＆可能にする研究を続けて下さい。

松坂 裕之（大阪公立大学理学部化学科教授）

　各々の視点で「化学」というサイエンスと向き合い、研究にとりくんでいることがひしひしと伝わってきて、たいへん楽しい時間を過ごさせていただきました。口頭発表を英語で挑戦した点も大いに評価できます。ポスター発表も各自のとりくんできた研究内容を熱く語っていただき、うれしく思いました。いずれも、わかりやすく伝えるための努力が感じられました。なお、研究結果を報告する際には、「どこまでが既知の事実であり、どこが今回新たに得られた知見であるのか」を明確にすることが必須となります。また、「なぜこの物質を用いたのか」、「なぜこの条件下で実験したのか」という点についても、簡潔かつ明瞭に提示することを意識していただければ幸いです。

Chapter 7

ポスター賞への軌跡

カテキンおよびその類縁体と抗生物質
秋田県立秋田高等学校 生物部抗生物質班

モリブデン青法による水溶液中のリチウムイオンの定量
福島県立会津学鳳高等学校 SSH探求部化学班

Cu^{2+}とNaOHから生じる黒色沈殿の解明
福島県立会津学鳳高等学校 SSH探求部化学班

ハルジオンに含まれている成分〜抗菌物質を探る〜
東京都立多摩科学技術高等学校 バイオテクノロジー領域

努力が報われた瞬間
安田学園高等学校 サイエンスクラブ

カナメモチの赤色の新葉に蓄積されているアントシアニンを用いた色素増感太陽電池
富山県立富山中部高等学校 スーパーサイエンス部

電気分解時の陽極の炭素棒の酸化によって起こる黄変について〜物質の同定とその発生条件〜
大阪府立千里高等学校 理科研究部

微小重力を用いた「固体版クロマトグラフィー」で微化石をより分ける
大阪府立今宮工科高等学校 定時制の課程 科学部

おむつから洗剤を作ったおむつ灰班の軌跡
愛媛県立西条高等学校 科学部

ヨウ化カリウムと過酸化水素の反応
福岡県立小倉高等学校 科学部空気電池班

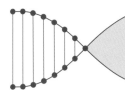

カテキンおよびその類縁体と抗生物質

秋田県立秋田高等学校 生物部抗生物質班
Members 武田彩音、石渡斗真、藤井由紀子、村田楽奈、平野叶恵
指導教員 遠藤金吾

研 究 概 要

　近年、薬剤耐性菌感染症の拡大が深刻化している一方、抗生物質の新規開発は停滞しているのが現状である。そこで、本研究ではカテキンおよびその類縁体の中から既存の抗生物質を併用することで、抗生物質の効果に変化をもたらす化合物を発見するとともに、これらに共通する化学構造を見出すことを目的とする。今回は(−)-エピカテキン(Ec)、(+)-タキシフォリン(Tx)と、抗生物質アンピシリン(Ap)、カナマイシン(Km)をそれぞれ同時添加した際の抗菌作用を調べた。実験の結果、(+)-TxとApの間においては交互作用がなく、(−)-EcとAp、(−)-EcとKm、(+)-TxとKmの間においては交互作用があり、抑制的に作用し合っていることが示された。

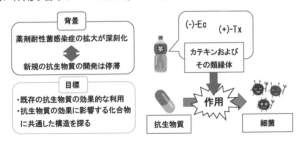

1 放課後、実験室では…?

　私たちは秋田高校生物部、抗生物質班。まずは班について簡単に説明します。全員で5名のメンバーは、5つの個性がぎゅっと詰まっています。互いの欠点や苦手なところをカバーしあい、毎日明るく、楽しく、時には真剣に、研究活動にのめりこんでいます。昼休みにかわいい大腸菌の培養を進めておき、7時間目の授業が終わると、仲間のいる楽しい実験室へ…!!　愉快な仲間と頼りになる先生とともに、みんなでいつも頑張っています。

2 英語ポスターを作らねば!

　さて、高校化学グランドコンテストに提出した要旨が無事に通過し、ポスターを作ることになりました。海外招へい校のために、そして経験と成長を得るために、今回は英語でポスターを作ることにしました。まずは日本語でポスターの下書きを作り、文法や知らない単語は翻訳機能で調べながら、着々と英語に変換していきました。最終的なチェックは英語科の先生や、ALTの先生に頼みました。ポスターは何とか完成し、発表する際のセリフも完成しました。ここまではまずまず順調です。さあ発表練習だ!　…そうです。難関はここからでした。発表者は武田と石渡の2人なのですが、2人とも英語のプレゼン文章を覚えられず、苦労しました。武田に関しては、何とかプレゼンはできても英語での質疑応答ができず、英語の勉強をまじめにやっていなかったことを後悔しました。石渡に関しては、英語しかわからない相手に対して、どのような発音、間の置き方をすれば聞き取りやすくなるかを意識して練習したようです。英語のプレゼンと質疑応答に不安を持ったまま、いざ高校化学グランドコンテストの会場、芝浦工業大学へ向かいました。

3 ついに迎えた本番

　英語での発表が可能と発表要領で知りました。「参加者に海外の方がいるし、英語での発表はいい経験になるだろうな」と考え、英語での発表を決断しました。耳馴染みのない英単語や英語特有の間などに苦戦しながらも何とか本番前までに人様に見せられるクオリティに仕上がりました。

　「世界中に発信してやるぞ！」と過剰に意気込みながら本番を迎えました。会場を見渡しても目に入るのは日本語のポスターばかりで英語のポスターはどこにも見当たりませんでした。「まるで僕たちがカッコつけているようではないか」と思いましたが、ここまできたらやりきるしかないので、気持ちを切り替えて、ポスターを覗いている女性に声をかけました。「発表聞きませんか？　英語と日本語どちらでも！」案の定、日本語での発表を求められました。日本語での発表を数回したのち、ある男性が「どっちでも OK ！」と快く返答をしてくれました。「このチャンスを逃せば次はないな」と思い英語での発表を始めました。英語で伝わっていることがうれしかったです。

　国際的な交流は果たせませんでしたが、小さいながらも人との繋がりを英語で広げることができたので良かったのかもしれません。（石渡）

4 最高の交流会！

　ついに、待ちに待ったレセプションパーティーです。くじで机が決められて、知り合いがひとりもいなかったので、最初はとても不安でした。しかし、誰もいなかったおかげで、まったく知らない他校の人たちと仲を深めることができて、運がよかったです。普段は絶対にかかわりを持てない他校の人たちと連絡先を交換することができたり、とてつもなく化学にくわしい友達を作ることができたりと、一瞬に感じるくらいの時間で、まるで非現実のような体験をたくさんすることができました。（武田）

5 ポスター賞、受賞！！！

　正直、ポスター賞を受賞できるとは思っていませんでした。反省点は多く
あったし、何より、プレゼンの話し方、ポスターの内容、聞かれる質問など、
すべてにおいて他校の発表はレベルが高かったからです。今回の貴重な経験
は良い刺激でした。この経験と反省を活かし、今後の活動にも力を入れてい
きたいと思います。最後に、ここまで研究を続けられて、支えてくださった
先生方と家族には感謝しています。本当にありがとうございました！

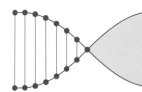

モリブデン青法による水溶液中の リチウムイオンの定量

福島県立会津学鳳高等学校 SSH探求部化学班

Members 遠藤佑真、中村文彬、七海篤史
指導教員 遠藤喜光

研　究　概　要

　本研究ではリチウムイオン（Li^+）がリン酸イオン（PO_4^{3-}）と沈殿する性質を利用して、高校の設備では困難であるLi^+の定量を試みた。まず、Li^+に過剰量のPO_4^{3-}を混合し、Li^+をすべて沈殿させた。その後、水溶液中に残ったPO_4^{3-}濃度を、モリブデン青法を用いて作成した検量線により決定した。加えたPO_4^{3-}濃度と水溶液中に残ったPO_4^{3-}濃度の差から沈殿に使われたPO_4^{3-}濃度を算出し、反応式の係数比からLi^+濃度を決定した。また、沈殿形成が難しい他のアルカリ金属イオン混合下でも定量を試みた。その結果、本定量法ではナトリウムイオン（Na^+）の影響が小さければ、一定の濃度範囲でLi^+の定量が可能であると分かった。先行研究では、他のアルカリ金属イオン混合下での定量が困難である事実をふまえると、本定量法の独自性が示されたことになる。

定量したLi^+濃度と実際のLi^+濃度の関係

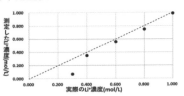

$$3Li^+ + K_3PO_4 \rightarrow Li_3PO_4\downarrow + 3K^+$$

試料に過剰量のPO_4^{3-}を加え、Li^+をLi_3PO_4として全量沈殿させる。

沈殿せずに残ったPO_4^{3-}濃度を作成した検量線より算出する。加えたPO_4^{3-}全体から①を引いて沈殿したPO_4^{3-}②を算出する。

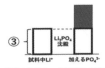

反応式より沈殿したLi^+濃度は沈殿したPO_4^{3-}濃度②の３倍である。これを利用し試料中のLi^+濃度③を定量する。

　ポスター賞おめでとうございます。早速ですがインタビューを行っていきます。班の結成時のことを聞かせてください。

遠藤：私が1年生の時に6人で化学班を結成したんですけど、活動がほとんどなくていつの間にかひとりになっていたんですよね…。どうにかしようと2年生の初めにカルメ焼きで部員を勧誘したら1年生が5人釣れちゃいました。

中村：それは違いますよ、組長（注：遠藤）！

遠藤：5人も後輩が増えたので、初めは誰が誰だか覚えられなくて、打ち解けられるか不安だったんですけど、余計な心配でしたね。このメンバーは確かあみだくじで決まったんでしたっけ…。

七海：はい。あの一瞬ですべてが決まったと思うと感慨深いですね。

　そうだったんですね。それでは、研究で苦労した点は何ですか？

七海：去年の秋頃に県大会があって、準備が一番大変でしたね。

遠藤：毎日夜遅くまで研究をしていて、疲れがたまっていました。そんなときは失敗が続くもので、溶液の滴下量を忘れて初めからやり直しになったり、メスフラスコの標線を超えてしまって溶液の調製をやり直したり…。やっぱり休むのは大事ですね！

中村：お前が言うな（笑）！

七海：組長が「あっ…」って言ったときは毎回ビビりましたよ。さっき言ってた失敗だってほとんど組長じゃないですか！

遠藤：あと少し細かいんですけど、冬になると手が冷たくなってホールピペットの溶液が最後まで出せなくなったのも大変でしたね（写真2）。

七海：冬のホールピペットは手があったかい中村君が担当でした。

遠藤：逆に夏は最高でした！　クーラーめちゃ涼しくて、学校で化学実験室が一番涼しかったんじゃないかってくらい（笑）。

中村：あとあと、生物班の部屋がカビ臭かったことですね。吸光光度計がカビを培養している部屋にあって、つらい思いをしました。

七海：でも生物班にはなんだかんだ言ってお世話になりましたね。実験器具の使い方を教えてもらったり、発表の練習を一緒にしたり…。おかげで県大会はどちらも優勝することができました。

写真1　実験中

写真2　ピペットから液がでない！

七海：ですが全国大会に向けて研究の続きをやろうとしたら衝撃の事実が発覚しました。なんと、使っていたリン酸カリウムの容器を見たら「水和物」って書いてあることに気付いたんです。試薬の重さが間違っていたので、検量線を一から作り直すことになりました。

　　紆余曲折を乗り越えてきたんですね。グラコンについて聞いていきたいと思います。発表準備はどのように行ったのですか？

大森：発表1週間前から、発表原稿をつくりはじめました。そして、学校での数日間にわたる短期特訓の末、2人とも原稿を暗唱し、質疑応答をなんとかこなすことができるようになりました。土曜日も、毎週3時間を部活に費やしました。

　　えっ、誰ですか？　班のメンバーではないですよね？

大森：初めまして！　組長と中村先輩は勉強が忙しくグラコンに参加できなかったので、七海先輩と1年生の僕が発表をしたんですよ（写真3）。

七海：最初はひとりで発表するのかと不安だったので、助かりました。

　　そうだったんですね。会場までの移動はどんな心境でしたか？

七海：電車ではみんな余裕ありそうで寝たり読書したりしていたのですが、新幹線になると、さすがに緊張感が出てきたのか、発表原稿を読み込んだり、質問想定集を確認したりしていました。

　　発表中はどうでしたか？

大森：東京の大学に入るのは初めてだったのでワクワクしていました。ですが、ポスターを貼りながら他校のポスターも見てみると、どれも完成度が高く、圧倒されてしまいました。

七海：いよいよ審査員の前で発表するときがやってきました。かなり緊張していて、審査員を直視できなかったので、ずっと審査員のあごを見ていました（笑）。発表は滞りなく進んだのですが、中には鋭い質問を

する方もいて、最後まで緊張していたのを覚えています。

大森：僕は研究していないのに僕にばっかり質問する人がいたんですよ！実験でアスコルビン酸を使ったらしいんですけど、その化学式を聞かれて…。ビタミンＣってことしか知らないですよ！

七海：まあまあ（笑）。

写真3　発表に参加した1年生　　　　写真4　当日のポスター発表の様子

２日目の口頭発表についてお願いします。

七海：日本の高校生が英語で発表しているのがとても印象的でした。僕たちと同じ高校1・2年生が、英語で研究内容を発表して質疑応答に対応しているのがすごかったです。わずか10分のために費やした努力を思うと、我々とはコンテストにかける力量が違いますね。

大森：また、海外招へい校の生徒たちの発表も印象に残っています。論文集が英語だらけで、時間内には読めませんでしたけど…。

受賞時の心境はどうでしたか。

七海：他の研究発表も見学したのですが、どの発表もレベルが高くて、自信が持てませんでした。なので、名前が呼ばれたときは自分たちの発表だとわからず、しばらく座ったままでした。後から喜びがこみあげてきて、研究を続けてきて良かったなって思いましたね。

大森：実は、同じ会津学鳳高校として出場したもうひとつの班も受賞しています。70チーム出しているうちの10チームに、学鳳が2枠入賞なんて、かなりの偉業ですよね！

時間ですかね。インタビューを終わりたいと思います。本日はありがとうございました。

Cu²⁺とNaOHから生じる黒色沈殿の解明

福島県立会津学鳳高等学校 SSH探求部化学班

Members 佐竹孝太郎、大河原大翔、穴澤優獅
指導教員 遠藤喜光

研 究 概 要

硫酸銅CuSO₄水溶液に水酸化ナトリウムNaOH水溶液を加えたところ、緑色沈殿を経由し、黒色沈殿が生成した。教科書とは異なる反応のため、本研究では黒色沈殿の特定と反応過程の解明を目的とした。黒色沈殿に塩酸を加え、塩化バリウムBaCl₂水溶液を加えた際の反応を確認し、キレート滴定で銅含有率を測定した。同様の操作を緑色沈殿を用いて行った。NaOH：CuSO₄の物質量比を0.5：1〜2：1の割合で混合し、混合溶液のpHを測定した。生成した沈殿の色を観察し、当量点を求めた。また、酢酸銅（CH₃COO）₂Cu水溶液を用いて、NaOH：（CH₃COO）₂Cu=1.5：1〜2.1：1の割合で混合した。その結果、Cu²⁺とOH⁻の混合溶液が塩基性のときに黒色沈殿である酸化銅が、また硫酸銅の場合は中性時に緑色沈殿である塩基性硫酸銅が生成することがわかった。

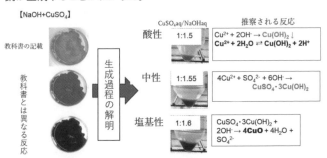

【NaOH+CuSO₄】

教科書の記載

教科書とは異なる反応

生成過程の解明

	CuSO₄aq/NaOHaq	推察される反応
酸性	1:1.5	$Cu^{2+} + 2OH^- → Cu(OH)_2 ↓$ $Cu^{2+} + 2H_2O \rightleftarrows Cu(OH)_2 + 2H^+$
中性	1:1.55	$4Cu^{2+} + SO_4^{2-} + 6OH^- →$ $CuSO_4 \cdot 3Cu(OH)_2$
塩基性	1:1.6	$CuSO_4 \cdot 3Cu(OH)_2 +$ $2OH^- → 4CuO + 4H_2O +$ SO_4^{2-}

1 初めに

約1年半の月日をかけて、この研究を行ってきました。

所属する会津学鳳高校SSH探求部化学班は先輩が組長（会津学鳳高校が受賞したもう1チームを参照）しか在籍しておらず、私たちの代が入るまで大きな活動はありませんでした。また、化学基礎・化学を習い始めるのは2年生からであるため、入部当時の私たちは組長も含め、化学超初心者として右も左もわからないまま、軌跡（ものがたり）が始まりました。

2 実験の動機

テーマを決める際、資料集に載っていた錯体の色の美しさに惹かれ、アミノ酸を用いて銅錯体をつくることを当初の実験の目的としました。参考にした論文では、硫酸銅（Ⅱ）・アミノ酸・水酸化ナトリウムの各水溶液を混合するという手順だったため、アミノ酸が無い場合はどうなるのか気になって試してみました。すると、生成した沈殿が青白色、緑色、黒色と変化していく様子を観測し、「化学ってきれいだな」と感心した覚えがあります。この反応を先生に見せると（写真1）、驚いた表情で教科書とは違う反応であることを教えてくれました。そこで、この謎に立ち向かい、解明してやろうと決心しました。教科書の記載には沈殿は青白色で、加熱を行わないと黒色にならないと書かれていました。この未知（しっこく）の反応の解明のため、研究を始めました。

写真1　青白色と黒色の沈殿

3 実験の経緯

黒色沈殿がなにか調べるため資料集を見ると、黒色の銅化合物は酸化銅（Ⅱ）と硫化銅がありました。このどちらかであると仮定し、酸と反応させて気体が発生するか調べました。反応の結果と各物質ならどのように反応するかを考えて比較したところ、酸化銅（Ⅱ）と同じ性質を示すことがわかりました。黒色沈殿中の銅イオンを定量的に測定する方法にキレート滴定があ

ることを知り、結果から酸化銅（Ⅱ）であることがわかりました。

　次は硫酸銅（Ⅱ）と水酸化ナトリウムの混合する割合を変えて沈殿の生成と溶液の色変化を調べました。この実験では遠沈管を何十本も使い、1日に30回以上ホールピペットで吸い上げ、筋肉痛になったときもありました（写真2）。そのおかげで当量点が判明し、各沈殿生成時の物質量比や生成過程を解明することができました。黒色沈殿の生成過程を解明した後、途中で生成した緑色沈殿についても解明するため、黒色沈殿のときと同じ操作を繰り返し、塩基性硫酸銅であることがわかりました。これにより研究の動機となった未知の反応の全てについて解明することができたため、ものすごい達成感に満ち溢れたのを覚えています。

写真2　実験の様子

4 研究中のエピソード

　重大な事件が発生したのは、実験を始めて3か月目である8月8日でした。この日は、硫酸銅の代わりに塩化銅を用いて実験する予定でした。塩化銅の性質を確認する際にラベルを見ると、式量が記載されていることに気づきました。「こんな便利なことが記載されているものなのか！」と感動し、硫酸銅のラベルを見てみると…。今まで160としていた式量が250と書かれていました。物質量比が肝心なこの研究において、式量が間違っていたということは、実験をすべてやりなおさなければいけないことを意味します。学校でよく見る青色の硫酸銅は五水和物です。この失態は大きな衝撃^{インパクト}でした。

5 大会当日

　他の研究との兼ね合いもあり、ほとんど練習できていない状態でポスター発表に臨みました。1年半の研究の成果を伝えるのは楽しく、80分の発表は一瞬でした。また、たくさんの高校生や大学の先生たちが発表を聞きに来てくださり、今までに無かった視点での質問やアドバイスなど、今後に役立つことが満載で、とても勉強になりました。発表だけでなく、他の学校の研究

についても近い距離で聞くことができ、交流を通じて研究の内容や情熱を間近に感じることができました。

　また、社会に貢献している協賛企業の説明を受け、知見がより広がり、なかには日々の研究の上でお世話になっている会社もありました。

　レセプションパーティーでは、初めて会った人たちと研究内容についてはもちろん、学校生活や趣味などの化学以外の雑談ができ、化学に関するクイズでは知識を出し合い協力して解きあうなど、楽しいコミュニケーションの場となりました。

写真3　大会当日

6　受賞

　会津学鳳高校は2つのチームで出場し、まずは番号が早い、もうひとつのチームが呼ばれました。今までに出場した大会や発表会では、いつも、私たちのチームよりもうひとつのチームの方が良い賞を取っていました。また、発表番号6番の時点で2チームが受賞していたため、10チームしか通れない狭き門に入れるかどうかとても緊張しました。この原稿を書いているということはそういうことなのですが、すぐに私たちのチームも呼ばれ、その瞬間大きな安堵感に包まれました。残念ながら直接賞状を受け取ることはできませんでしたが、初の全国大会での受賞の嬉しさを持ち帰りながら充実した2日間の大会に幕を下ろしました。

写真4　受賞

7　終わりに

　高校化学グランドコンテストでは、ポスター発表を通じて全国の学生や企業の方との意見交換ができました。

　いまは別のチームで新たな研究を始めていますが、高校化学グランドコンテストでの経験を今後の活動で活かし、さらなる結果を残したいです。

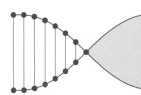

ハルジオンに含まれている成分
～抗菌物質を探る～

東京都立多摩科学技術高等学校 バイオテクノロジー領域
Members 中川彩良,古谷奈都
指導教員 橋本利彦

研 究 概 要

私たちの学校では、ハルジオンに抗菌効果があることを明らかにしている。また、モデル生体膜内にハルジオンを加えたところ、生体膜を傷つけていることがわかった。さらにリン酸バッファーにハルジオンを一晩漬けて高速液体クロマトグラフィーにかけたところクロロゲン酸をみつけることができた。しかしながら、ハルジオンにはクロロゲン酸以外にも抗菌物質が含まれている可能性が高いと考えられる。

そこで本研究ではハルジオンの抽出をメタノールで行うとともに高速液体クロマトグラフィーにかけた。さらにモデル生体膜に吸着させて脂質二重層と親和性が高い物質を選別することで抗菌作用に関わるポリフェノールを探索した。

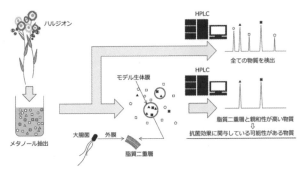

1 はじめに

　ハルジオンの研究について「高校生・化学宣言PART12」および「PART13」を読んでいただいてから今回の「PART15」を読むとさらに楽しめると思います。

2 研究のきっかけ

　桜が舞っていた1年半前。不安と期待の中、東京都立多摩科学技術高等学校に入学しました。都立高校で2校しかない進学を目指す専門高校です。1年生の頃から工学系や化学系、生物系など幅広く科学に触れ、2年生から専門分野を学びます。そんな特殊な学校であるため生徒も都内全域から集まってきます。

　入学してから友達ができるか心配でしたが、何日か生活しているとマスク越しに聞き覚えがある声がしました。勇気をだして声をかけると、小学生の時に塾が同じだった友達でした！　懐かしい気持ちと、せっかく理系高校に入学したのだから一緒に何か実験をしたくなりました。

　5月。教育実習の吉住先生の授業がはじまりました。吉住先生は本校の卒業生で、学生時代の話をいろいろとしていただきました。特に高校時代の研究活動の話が面白く、失敗談や実験が進まなくて苦労したこと、発見したときの喜びを聞き益々興味が高まりました。そして研究テーマを聞いたとき衝撃が走りました。いつも昇降口から見える賞状やトロフィーが飾ってあるケース…、その賞状に書かれている人物が目の前にいたのです。

3 研究スタート

　いざ、研究をスタートしようとしましたが、どうすれば良いかわかりません。先生に相談したところ厳しい表情をされましたが、私たちのハルジオンの研究生活が始まりました。日々、ハルジオンについての文献調査と実験方法を調べていて辿りつく疑問は「ハルジオンに含まれている成分は何？」でした。この「何？」を解決しなければいけないと決意し、実験に着手しました。

　最初の問題は抽出方法です。先輩方はリン酸バッファー（PBS）で抽出し

たと学校にある報告書に書いてありました。PBSを使った理由は、有機溶剤を利用するとその後の抗菌効果を調べる実験に影響があるからだと記載されていました。私たちもPBSを作成して抽出してみました。しかしながら、高速液体クロマトグラフィー（HPLC）において、少しでもアセトニトリルやメタノールを溶媒として用いると、各ピークがまとまって出てしまうという問題が起こりました。さらに、水や熱湯での抽出など試行錯誤を行いましたが、全てのピークがはじめに出てしまい抽出方法から苦戦の日々でした。そして最終的に採用したのが、円筒ろ紙を使用した脂質の抽出方法でした。抽出の終点は円筒ろ紙が浸るメタノールの色が透明になるまでを目標に、抽出を繰り返しました。次に抽出液をエバポレーターにかけて、最終的にはフリーズドライで完全に有機溶媒をなくすようにしました。

4 いざ、本格的に…

抽出した溶液をHPLCにかけたところ、たくさんのピークが確認できました。そこから、ポリフェノールに焦点を絞り、鹿児島大学学術研究院農水産獣医学域農学系の加治屋勝子教授に相談したところフラボノールが250nmと380nmに2つの吸収波長をもっていることをご教授して頂きました。そこでデータを眺めながら2つの吸収波長をもつ物質を探しましたが、これが本当に抗菌効果に関わりがあるのか悩みました。

5 抗菌効果があるポリフェノールを探る

次に着目したのが、加治屋教授が大学院時代に所属していた静岡県立大学大学院生活健康科学研究科の研究室で行っていたモデル生体膜の実験方法でした。参考にした論文は、中山勉先生の論文で抗菌効果があるカテキン類の順にモデル生体膜と親和性が高いという論文でした。それに着目して、逆を考えれば抗菌効果のある物質はモデル生体膜と親和性が高いのではないかと考えました。私たちはメタノールで抽出した溶液をモデル生体膜の溶液に加え、さらに、モデル生体膜と親和性の高い物質をのみを絞ることができました。これが実験の大きな一歩でした。

6 発表会に向けて

　一次審査後すぐにポスターを作りました。最も大変だったのが抽出方法を示す図をつくることでした。「インターネット上の画像は使用しない」という顧問の先生の方針により苦戦しながら図を作り、最後までパソコンと仲良くなれなかった気がします。そして高校化学グランドコンテストの前日まで修学旅行というハードスケジュール…、旅行先に着いても頭にはグラコンがチラチラとし、心ここにあらずでした。ホテルでも帰りの新幹線でも2人で一緒に発表練習をしながら発表当日を迎えました。

7 発表会

　当日の朝、受付を済ませて発表場所に向かうと各高校のポスターがビッシリ貼ってあったため、一気に緊張感が高まりました。しかしながら、他校の先生や生徒の皆さんからのアドバイスと質問で研究に対する理解を深めることができた充実した時間でした。発表時間が終わると達成感と安堵感でおもわず座り込んでしまいました。

8 結果発表

　ポスター賞の発表で番号が呼ばれた時は一瞬なにが起こっているのか理解できませんでした。しかし、時間がたつにつれて実感が湧いてきました。帰りの電車で、いままで頑張ってきて良かったと実感し、これからも研究を頑張ろうという気持ちになりました。

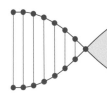

努力が報われた瞬間

安田学園高等学校 サイエンスクラブ
Members 村頭龍斗、香取雅人
指導教員 添田たかね

研 究 概 要

　太陽電池は熱で電力が下がりやすい。サーモクロミズムを持つフリクションインクは、熱で色素構造が変化して変色する。この色変化を利用して熱で性能が下がらない色素増感太陽電池の実現を目指している。フリクションインクを塗布した極板の温度を変化させ、電力を測定した。発色時では高温になると電力が急激に上がることがわかった。一方、あらかじめ消色させて測定すると、常温時は大きく電力が下がり、高温になると急激に電力が上がった。結論として、消色時の色素構造は電子供与性が高い可能性があること、増感色素として機能するには光だけでなく熱も必要であることが考えられる。今後の展望として、フリクションインクは色素増感太陽電池が熱で電力を上げるための補助増感色素として活用できるのではないかと考えている。

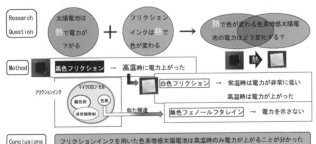

1 有機化学が好きで始めた研究

　ここでは研究を始めたきっかけから高校化学グランドコンテスト当日までを小話などを含めて書いていきます。研究を始めたきっかけは、先輩たちの先行研究でした。有機化学に興味をもって高校の化学部に入部し、そこで先輩たちの研究内容を見て「なんでこういう構造で電力が上がるんだろう？面白そう」と思ったのが始まりです。(村頭)

2 失敗が大きな糧になる

　研究を進めていく中で、一番驚いたのは低く出るだろうと思っていたメチルオレンジの電力が高く出たときです。しかしながら、メチルオレンジで電力が高く出てくれたおかげで考察が進んだので結果的には嬉しいことでした。一番悲しかったことは自作した電池測定器を自身で倒してしまったせいで、そのときの測定のデータが使えなくなってしまったことです。一緒に測定してくれていた後輩たちにも無駄な時間を使わせてしまいましたし、何よりもその測定中の電力がとても高く出ていたのですごく悲しかったです。

　他に大変だったことは研究内容の理解です。知識が浅い中での理解はとても大変でしたが先輩たちがわかりやすく教えてくれました。他の高校の研究もだいたい同じだと思いますが、本当に研究を理解しようとすると大学の範囲にも及ぶことがあります。インターネットで調べたり、先生に聞いたり、友達に相談してみたりと研究内容の理解を進めてきました。とても大変でしたが、ちゃんとわかった瞬間は嬉しかったです。

　グラコンの原稿製作で苦労したのはメンバーとの発表内での役割分担でした。それぞれが担当したところの質問に対して、絶対に答えられるところ、答えられないところを出し合い役割を決めていきました。

　他にも、定期テストや修学旅行との兼ね合いで発表、質疑応答の練習時間が１週間程度しかなくその期間で原稿を覚えて、質疑応答にも対応してというのが本当に大変でした。質疑応答の練習はいろいろな質問を想定しながら進めていたのですが、顧問の先生からの質問に黙りこんでしまい、先生に詰められ、本番を含めても一番苦しかった質疑応答は顧問の先生からのものでした。グラコンの当日は学校ではそこまでなかった緊張が会場の芝浦工業大

学に近づくにつれ大きくなっていきました。大学に向かうバスでもギリギリまで質疑応答の練習をしていました。会場内ではポスター発表が始まるまで企業の人たちとお話をしたり、ここでも発表練習や質疑応答の練習をしたりしていました。

　ポスター発表の時間が来ると、最初からほぼ最後まで発表を聞きに来てくれる人たちが途切れず、80分間話しっぱなしで、水を飲むひまもないくらいでした。質問だけではなく、大学の教授の方からのアドバイスなどもあって、とても楽しかったです。発表の80分間はあっという間で、体感では20分くらいに感じてしまうほどでした。

　発表後は、顧問の先生とどのような質問やアドバイスがあったのかどんな人が見に来ていたのかなどの情報共有を行いました。そしてレセプションパーティーで発表を聞きにきてくれた高校生や企業の方たちとコミュニケーションをとる機会があり、めちゃめちゃ楽しかったです。（村頭）

③ 小さくも大きな一歩

　ポスター賞を受賞できた瞬間は驚きが大きく、わかるまで一瞬時間がかかりました。でも受賞後は今までの努力が報われたような気がしてとても嬉しかったです。同時にグラコンで発表した内容をさらに発展させようと研究をしています。今後は色素増感太陽電池として一般に使われているような色素にフリクションなどを添加し高温での電力低下を防ぐ「補助増感色素」の研究をしています。この研究が進めば実用化へ大きく前進すると考えています。（村頭）

4 とにかく研究がしたかった

　研究を始めようと思ったきっかけは、研究への興味です。入部した頃は、研究したいものも知識もありませんでした。そこで出会ったのが先輩の研究していた色素増感型太陽電池でした。「色素増感」というのが何かわかりませんでしたが、太陽電池であれば知っていますし、面白そうだと思い研究に取り組み始めました。（香取）

5 温度との闘い、先輩への感謝

　実験ではホットプレートを使用して 70 ～ 80 ℃付近まで加熱するので、当然熱いです。その近くまで手を伸ばして温度や電力を測定しなければならず、軍手を 3 枚重ねても火傷しているのではと思うほどでした。60 ℃付近からじわじわと熱が伝わってきて、早く温度が上がってくれないと辛いのに、上がりきらないことがありました。ホットプレートを冷やすための氷が近くにあったので、実験が終わるとすぐに軍手を脱いで手を入れて冷やしていました。

　私はまだ高校 1 年生で、知識が浅いなかで、研究について理解するのがとても大変でした。理解できたとしても、自分の言葉で説明するのが難しく、言葉に詰まったり、どう言えば伝わるかわからなかったりしましたが、とにかく先輩がわかりやすく教えてくださったおかげで理解が進みました。

　研究発表の間も、先輩がいたおかげで緊張しながらも一生懸命質問に応えることができ、また難しい質問は先輩がフォローしてくれて、本当に感謝しています。

　受賞後も、「香取だったからうまくいった、ありがとう」と言ってくれて、本当に嬉しかったです。ですがここで満足せず、さらに知識を付けて研究を進めていこうと思いました。（香取）

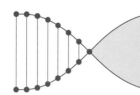

カナメモチの赤色の新葉に蓄積されている アントシアニンを用いた色素増感太陽電池

富山県立富山中部高等学校 スーパーサイエンス部

Members　田中瑠太郎、地田真也、村山樂都、吉岡依咲、山下陽翔
指導教員　浮田直美

研 究 概 要

　色素増感太陽電池に天然色素のアントシアニンを用いた研究が広く行われている。生垣などで見かけるカナメモチの新葉は5月頃真っ赤に色づくが、この赤色の色素はアントシアニンで、クロロフィルが合成される前に新葉の中に蓄積され、有害な光線に対する光学フィルターとしての役割を果たしている。そこで、この赤色新葉から水でアントシアニン色素を抽出し、色素増感太陽電池実験キットで、高い電圧を出す電池ができないか調べた。また、パッションフルーツの果皮、紫芋パウダー、ローズヒップ・ハイビスカスティー、赤シソのアントシアニンを用いても調べた。パッションフルーツでは130,000ルクスの太陽光で0.30 V、カナメモチでは54,800ルクスの太陽光で0.15 Vの電圧が出た。カナメモチでは照度が低かったが、高い電圧が測定された。

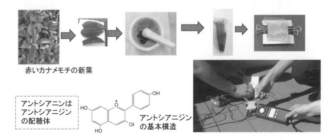

赤いカナメモチの新葉

アントシアニンは
アントシアニジン
の配糖体

アントシアニジン
の基本構造

1 はじめに

　本校の生垣にはカナメモチが植えられています。植物の新葉の色は緑色が多いのですが、初夏のカナメモチの新葉は真っ赤な色をしており、とても目立ちます。私たちはこの赤色に興味を持ち、理由を調べてみました。多くの説がありますが、一般的には、緑色のクロロフィルが蓄積される前の新葉を紫外線から守るためにアントシアニンが生成されると考えられています。そこで、カナメモチの新葉に含まれる赤いアントシアニン色素が紫外線や可視光線に対する増感作用が高いのであれば、近年研究が進んでいる色素増感太陽電池の色素として活用できるのではないかと考え、研究を始めました。

写真1　初夏のカナメモチの生垣。新葉 は真っ赤な状態に

　カナメモチの新葉は剪定されることが多く、また主に南国で栽培されているパッションフルーツの皮も食べない部分なので廃棄されています。廃棄された植物の部位に含まれるアントシアニンの色素増感作用が高ければ、電池に利用することで、資源の有効利用につながると考えました。本研究では、カナメモチの新葉の色素増感作用の高さを調べるためにアントシアニンを抽出した水溶液をペクセル・テクノロジーズ社の色素増感太陽電池キットを用いて、高い電圧が生じるか調べました（写真2、3）。そして、電池の起電力を身近な野菜、果物の皮や花などに含まれている天然アントシアニン色素を用いた他の電池と比較しました。

写真2　実験風景1

写真3　色素増感太陽電池の作製

2 暑い中での喜び

　研究は今年から1年生が始めたもので、夏休みごろから本格的に研究を始め、天然のアントシアニン色素を使った色素増感太陽電池の電圧を太陽光や白熱電球、特定の波長のLEDライトなどを用いて計測しました（写真4）。今年は特に日差しが強く、気温も高かったので、外に出て太陽光に当てる作業がとても辛かったですが、思いがけず高い電圧が出たときは、疲れも忘れ喜びました。

写真4　実験風景2

3 全員が初体験の論文・ポスターづくり

　研究は1年生だけで行ったので、研究内容を論文やポスターにまとめるのは初めてでした。それまで論文というと、教授や博士が多くの専門用語を使う、難しくて堅苦しい印象があり、化学の授業すら始まっていない私たちが書くということにハードルの高さを感じました。しかし、先生から「論文の形式にのっとって書いていけばよい」というアドバイスを受け、まとめていきました。

　発表の1週間前までテストがあり、終わってからポスターを作り始めました。パソコン操作には慣れていたので、ポスターの作成はスムーズでした。内容を何度も見直し、その都度修正して、もう直しは無いと思えるレベルまで仕上げました。しかし、実際にポスターを印刷してみると、見落とした間違いが数か所出てきて残念だったのを覚えています。

　何とかポスターを作ることができましたが、時間がかかり、印刷が終わったのは発表の前日でした。発表練習が1時間しかできず、心残りがありながら、その日は部活を終えました。

4 いざ、発表へ…

　発表当日の朝、富山から新幹線に乗って東京に行きました。新幹線で発表内容を頭の中で繰り返し再生していました。東京に近づくにつれ、うまく発

表できるのかという不安や緊張がさらに高まりました。しかし、芝浦工業大学に着き、周りの方々の優しさと温かさの中で準備を進めていくうちに、緊張はほぐれ、むしろ発表が楽しみになりました。

発表は無事終えることができました。発表後に、審査員の方々から頂いた新しい視点からのアドバイスは、本当にありがたいものでした。「今後も研究を継続し、発展していこう」という気持ちになりました。

写真5　発表の様子

他のチームのポスター発表を見て回ると、同じ高校生なのかと思うほど本当に奥深い研究をされている方が多くいて、魅了されました。私たちと同じ色素増感太陽電池についての研究もあり、お互いの研究に生かせる学びを得ることができました。

その日の夕方、レセプションパーティーがありました。県外の高校生と話す機会がこれまで少なかったので、多くの方たちと話して刺激をもらいました。研究や化学についてはもちろん、学校の様子、住んでいる都道府県についてなどの話で盛り上がりました。それぞれが置かれている環境は違いますが、同じ「化学」を愛し、発展させたいという熱意がとても心強く感じられました。

5　表彰式での思い

次の日に結果発表がありました。発展的な研究が多い中で私たちの研究が選ばれることは無いだろうと思っていたので、「PP37」というエントリー番号を聞いたときは耳を疑いました。研究を始めてまだ半年程しか経っていませんが、一生懸命に研究を行ってきたことが報われたと思い、ここまできた甲斐があったと感じました。

6　さらなる研究へ

その後も多くの方々から頂いたアドバイスを参考に、さらに研究を進めています。高校化学グランドコンテストのポスター発表で学んだことは非常に多かったです。このコンテストでの学びは、新たな課題を見つけ、発展させていくスタートになりました。

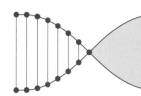

電気分解時の陽極の炭素棒の酸化によって起こる黄変について ～物質の同定とその発生条件～

大阪府立千里高等学校 理科研究部

Members 田久直樹、立石唯人、谷津晴夢
指導教員 西澤淳夫

研 究 概 要

炭素棒を用いてクエン酸水溶液の電気分解をした際に、溶液が黄色に変化する現象を発見した。原因を調べるためにクエン酸の電気分解について書かれた文献を探したが見つからなかったため、この現象の原因物質を探り、変色が起こる条件を調べることを考えた。その結果、クエン酸と同程度の水素イオン濃度の電解液を炭素棒で電気分解した際に、陽極から黄色物質が発生することがわかり、変色は炭素棒が陽極で酸化されることによって発生した酸化グラフェンによるものであると推測した。現在は確実な物質の同定を行うとともに、この黄色物質を効率的に生成する方法を探り、酸化グラフェンの新たな合成法としての提案を目指し研究を続けている。

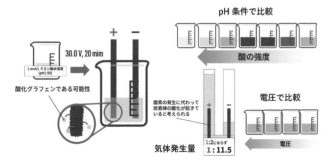

pH 条件で比較

酸の強度

30.0 V, 20 mim

1 mol/L クエン酸溶液 (pH1.55)

酸化グラフェンである可能性

酸素の発生に代わって炭素棒の酸化が起きていると考えられる

電圧で比較

電圧

気体発生量

1:2にならず 1:11.5

1 はじめに

　私たち3人が1年生のときに理科研究部に入部して始めた研究は「電流を流した食品の味の変化」でした。今回の受賞テーマとは異なりますが、この研究での偶然の発見が現在の研究テーマに繋がっています。

　味の研究を始めたきっかけは「肉に電流を流すと旨味が増す」という記事を見かけたことです。他にどんなものが美味しくなるのか、どんな味に変わるのかなどに興味を持ち、「酸味の変化」について調べることに取り掛かりました。酸の指標にpHを使えば、簡単にその変化を見ることができると考えたからです。果物に炭素電極を突き刺し電流を流したものに、pHメーターを押し当てるという実験を行っていました。今振り返ってみると、誤ったpHメータの使い方をしているなど、適切な実験方法ではなかったです。pHと酸味には直接的な関係は無いようですが、当時はそんなことさえ知らずに実験をしていました。

2 研究テーマとの出会い

　実験を行う中で、レモン果汁に電流を流していると、わずかに黄色が濃くなりました。そこから、レモンに含まれる酸として有名な「クエン酸」に注目し、その純粋な水溶液でも同じ実験を試したところ、こちらも無色から黄色へと変色しました。この現象を不思議に思い、「電気分解後のクエン酸水溶液の黄変」について書かれた文献はないかと、手を尽くす限り調べました。しかし、唯一海外の掲示板で同じ現象を見つけた人の書き込みを除いて、情報はまったく得られませんでした。そこで「この現象でできた黄色の物質を同定する」ことを目標に、「電気分解後のクエン酸水溶液の黄変について」というテーマで新しく研究を開始しました。

3 同定の工夫と難しさ

　物質の同定に向けて、そのための特別な装置や知識のない私たちが選んだのは発生条件を調べることでした。基本的に炭素棒は電気分解による酸化還元反応に関与しない電極として扱われていたので、味の研究のときからよく

使用していました。しかし、炭素棒を使用して電気分解した溶液をよく見てみると炭素棒の破片が底に沈んでおり、炭素棒がわずかにすり減ったような変化が見受けられました。

　そこで、炭素棒と同様に酸化しない電極として挙げられる白金電極と置き換えて実験してみたところ、前述した色の変化は起こりませんでした。また、炭素棒を使用して電気分解を行った際の気体発生量を測定すると、陽極で発生する気体が極端に少ないことがわかりました。このような結果から、炭素棒が黄変に影響している可能性が示されました。また、硫酸の濃度を調節してクエン酸のpHに近づけて電気分解をすると、クエン酸のpHに近い濃度の硫酸が比較したなかで最も黄変しました。

写真1　電気分解後の濃度の異なる希硫酸

　電気分解後の吸収スペクトルを調べるとグラファイトを剥離したものであるグラフェンに含酸素官能基が付いた物質である「酸化グラフェン」の特徴的なピークと類似していました。実験からの考察として、炭素棒に含まれるグラファイトが酸化・剥離して酸化グラフェンになったと考えるととても自然であることから、現在も酸化グラフェンであると予想していますが、まだ確実な同定ができていないため言い切ることは難しいと思います。

　物質のより確実な同定は過去に何度か試みたことがあります。そのひとつにラマン分光法を用いた分析があります。ラマン分光はグラフェンなどの物質の分析によく用いられるレーザーを用いた比較的簡単な方法です。大阪大学のある研究室のご協力の下、設備をお借りして実際に行ってみましたが、水溶液の状態では上手く測定できなかったり、目的の物質が見つからなかったり、なんとか測定できたとしても結果を読み取ることが難しかったり、何度も測定を行いましたが物質の同定に役立てることはできませんでした。

4 発表当日

　今回のポスター発表で見に来られた審査員の方から「電子顕微鏡を使ってみては」と提案されました。以前も電子顕微鏡を用いた測定は検討したことがありますが、学校に無い機材を使った実験をするのは計画の時点からハードルが高く、実施することをためらっていました。しかし、今回のグラコンで電子顕微鏡を使用した研究の発表を見て、改めて「やってみたい」と思い、現在実験計画を立てているところです。

　今回のグラコン以前にもこの研究のポスター発表をする機会があり、これまでにいくつかポスターを作ってきました。研究が進むたびに新たなポスターを作る必要があり、少し大変でしたが、発表を聞きに来られた人の反応から、より良いポスターを作るヒントを得て、新しく作る度に新たな工夫を加えて制作してきました。今回のポスターもこのような経験を踏まえて、目的を明確にすることや、文字数を減らし簡潔に説明することを意識して始めから作り直したところ、前日の夕方までかかってしまいましたが、当日に発表していると、私が考えたデザインを見て「真似しようかな」と言ってくださる方もおり、嬉しかったのを覚えています。載せたい実験が多すぎたあまり、今回も文字数が増えてしまいましたが、過去最高の出来栄えになったと思っています。

写真2　実験の様子

5 終わりに

　当初行っていた味の研究は「良い研究」とは思いませんが、過去の研究で得たものが今回の研究や受賞につながったことは間違いないと考えています。気になったことをとりあえず試し、常に興味の行き着く先を求めて研究を進めた結果、不明であった現象が少しずつ明らかになりました。

　もちろん、今も物質の確実な同定ができていないので、酸化グラフェンであると言い切ることはできませんし、実験を重ねるたびに不明瞭な点が浮かんできます。今後は勉強との兼ね合いを考えつつ、興味の行き着く先を見据え、さらに深く研究したいと思います。

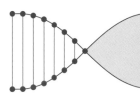

微小重力を用いた『固体版クロマトグラフィー』で微化石をより分ける

大阪府立今宮工科高等学校 定時制の課程 科学部

Members 小園雄大、池田拓磨
指導教員 谷口真基

研 究 概 要

　微小重力発生装置を用いて、ネオジム磁石の磁場勾配による反磁性物質の並進運動から磁化率を測定してきた。磁化率は試料の速度により決定され、質量に依存しない。

　この原理を用いて、固体粒子混合物を物質の種類ごとに磁気分離を行ってきた。この装置を利用して、化石が含まれる岩石をフリーズソウ法で構成粒子に分解し、磁気分離を行い、化石のみを抽出した。また、海岸の砂から微化石である有孔虫を選択的に分離することができた。化石を選択的に分離する固体版クロマトグラフィーとしての働きを確認できた。

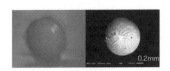

固体版クロマトグラフィーで分離した

鉢ヶ崎海岸の Ampistegina 科の有孔虫

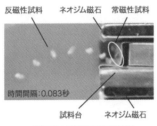

磁場の外へ並進運動する反磁性試料

1 先輩から引き継いできた「固体版クロマトグラフィー」

　科学部では、2020年から「固体版クロマトグラフィー」の開発を目指して研究を続けてきました。今回、先輩たちが改良を重ねた装置を用いて、自然界にある物質へ応用することを考え、砂や岩石の中から有孔虫や貝の化石を分離することができました。この混合物の中から目的とする物質をより分けることから「クロマトグラフィー」として有効であることを確認しました。

　岩石を構成粒子に分解するには、フリーズソウ法を用いました。容器に岩石試料と水を入れ、冷凍庫で凍らせます。この容器を今度は超音波洗浄器に入れ加熱しながら振動させます。これを繰り返すことで風化を人工的に促進させ、構成粒子に分解していきます。部室に来たらまず冷凍庫から容器を取り出し超音波洗浄器に入れてスイッチを入れます。振動している間、他の作業（装置を作ったり、実験をしたり…）を行います。超音波洗浄が終わった容器を冷凍庫に入れてから部室を出ます。操作は単純ですが、毎日毎日同じことの繰り返しで、「いつ終わるのかなあ」と不安になっていました。結局、約100回でやっと泥岩が粉々になりました。（小園）

2 1年次生の初めてのポスター発表

　先輩と一緒に高校化学グランドコンテストに参加できたことがとてもうれしかったです。科学部に入部してから学会発表や合宿などの活動があったのですが、事情により先輩と一緒に参加できませんでした。今回、やっと先輩と一緒に参加し、一緒にポスター発表ができました。

　覚えることが苦手な私は、本番までに発表内容を3割程しか覚えられませんでした。他の部分はどうやって発表しようと悩んでいたところ、先輩が一緒にポスター発表をしてくれることになり危機を脱しました。本番前は、やはり物凄く緊張をしました。人前で話すのは苦手なので、相手に「上手くポスターの内容が伝わらないんじゃないか」と心配していました。緊張で足がガクガクするのではと思っていました。

実際の発表は思ったより緊張せずに説明をすることができました。頑張って声を大きくしたつもりなのですが、先輩から「まだ小さい」と指摘されました。そこが残念でした。来年は部員が私1人になってしまうので、先輩が卒業するまでに色々教わり、頑張って独り立ちしたいと思います。（池田）

3 積み重ねてきた実験の重み

先輩から引き継いだ研究テーマは、当初、目的や測定原理などが分からない状態でただ実験を進めていました。先輩や先生たちが研究の基礎から丁寧に教えてくれ、少しずつ理解が深まっていきました。実験は、とても気を遣う作業がたくさんありました。扱う試料は1mm以下のものが多く、しかも数が限られていました。ピンセットで試料を掴んで試料台に載せ、それをさらに狭い磁気回路の隙間にセットします。試料を落としてなくさないかとハラハラしながら実験をしていました。

落下実験は約0.5秒で終わります。しかしながら、実際に落下実験を行うまでに、試料や試料回収板の準備に時間を取られました。また、実験終了後も試料回収板上の試料の位置計測から撮影した映像を静止画に落として試料の位置を1/240秒ごとに計測するまで、作業にかなりの時間を費やしました。実験は準備と後の解析が全てのような気がします。

研究の目的の1つである混合物から化石を選り分けるということを実験で確認することができました。先輩たちが立てた仮説を私たちの手で実証できてとても嬉しいです。（小園）

4 発表を終えて、さらにその先へ

受賞の瞬間、「これは幻なのではないか」とすごく変な感じでした。そのため、その場で立たずに、ぼんやりしてしまいました。会場で賞状をもらって「これは現実だ」と嬉しくなりました。同時に「やっと終わった」という安堵感でいっぱいでした。次の発表では、もっと大きな声で頑張ります。（池田）

毎回発表前はどのような質問がくるのかとドキドキしてしまいますが、今回はある程度は思い描いた通りに発表ができたと思います。質問に対しても、

尋ねられた内容にきちんと返答することができ、楽しい質疑応答になりました。

　研究や発表を評価していただいた結果の受賞だと思うと、とても嬉しいです。受賞発表では、やり遂げた思いと「今夜はゆっくり眠れそうだな」という安堵感に満たされました。

　私は来年の春に卒業します。科学部で得たいろいろなノウハウを後輩にきちんと伝えたいです。先輩から受け継いできた実験や発表のノウハウを丁寧に後輩に伝えることが今の私の使命です。苦しいけれども楽しい科学を伝えたいと思います。（小園）

おむつから洗剤を作ったおむつ灰班の軌跡

愛媛県立西条高等学校 科学部

Members 植田紗世、松本好未、玉井涼、吾妻春汰、宗崎海斗、石川美空、
中西紗、髙橋駿輔、新本友季、横井良音
指導教員 大屋智和

研究概要

西条市のゴミ問題の解決に向けて、紙おむつゴミの炭素化リサイクルシステムの実証実験が行われている。その過程でおむつ灰（主成分：炭酸ナトリウムNa_2CO_3）が得られるが、不純物の多さから活用が困難であった。そこで、おむつ灰由来の「セスキ」炭酸ソーダ（化学式：$Na_2CO_3 \cdot NaHCO_3 \cdot 2H_2O$）の合成を研究目的とした。その結果、おむつ灰由来の$NaHCO_3$抽出ではセライトと活性炭を用いた吸引ろ過を提案し、51％のNa_2CO_3、塩化ナトリウム（$NaCl$）や有機物を含む結晶が得られた。また、二酸化炭素（CO_2）との反応やエタノール添加により、75％のセスキ炭酸ソーダを含む合成試料がおむつ灰100 g当たり13.7 g得られることがわかった。ここで、不純物と考えていた$NaCl$は、セスキ合成でNa^+の共通イオン効果による収量増加に貢献していた。さらに、洗浄力試験から市販のセスキ炭酸ソーダとほぼ同等の洗浄力があることがわかった。

1 研究の始まり

　この研究は、継続研究として3年目を迎えました。約1年半前の春、入部した科学部で、先輩たちが書いた研究論文を渡され、なにもわからず戸惑いを隠せなかったことを覚えています。それは当時の知識では理解できる内容ではなく、部活動の時間や帰宅後も、用語や手法を調べ、勉強する毎日でした。ひとつ理解できたと思えば、またすぐにわからない言葉が出てきて、頭がパンクしそうでした。質問すると何でもすぐに答えてくれる先輩はとてもかっこよく、驚きと尊敬の気持ちでいっぱいでした。また、私たちもこれから「この難しい研究に携わっていくのだ」という不安を抱かずにはいられませんでしたが、先輩に研究の知識や方法を教わり、ついに私たちが中心になって研究を進める立場になりました。

2 研究活動で苦労した2つの「ヤマ」

　研究には、2つの「ヤマ」がありました。1つ目は、不純物の除去です。合成しているのは洗剤。つまり、その合成した洗剤が汚れていたら、洗剤としての効果が低下し、当然「使いたくない」と思います。合成した洗剤には、不純物が多く含まれていました。単純に濾過をするだけでは不純物の除去ができず、いまの手法が成功するまでにたくさんの苦労をしました。夏のほとんどの時間をこの実験のために費やし、やっとのことで手法を確立させました。夏の実験室にはエアコンが無いので（2024年から設置予定）とても暑く、みんなで数少ない扇風機の取り合いをしたのも良い思い出です。毎日暑いし、実験は長いし、ずっと文句を言いながら取り組み、実験が成功したときは本当に嬉しかったです。

写真1　ろ過実験

写真2　セスキ合成実験

写真3　合成試料の観察実験

最後の「ヤマ」は、研究を論理的に理解することです。実験は失敗と成功の繰り返しでした。実験結果の考察はもちろん、顧問の先生からの鋭い質問の嵐。先生が説明をしてくれても理解が追いつかず、みんなで頭を捻りました。そのおかげか、みんなで協力し合って、良い雰囲気で実験を進められました。

③ 発表練習

　顧問の先生と質疑応答を中心に練習に取り組みました。先生の質問はハイレベルなものが多く、発表の仕方や質問に対する回答を身に付けるまでとても苦労しました。

　最初は質問に上手く回答ができませんでしたが、たくさんの助言をもらい、練習を積み重ねるうちに、回答したい内容がすらすらと思い浮かぶようになり、自信を持って臨めるようになりました。そして、練習を重ねることで、研究に対する理解を深めました。

④ グラコン当日

　他校の発表者は、とても楽しそうに堂々としているのが印象的で、緊張や不安でいっぱいだった私たちはその姿に刺激を受けました。他校の勢いに負けじと、発表に取り組みました。

　発表中は研究に興味を持ってポスターを見に来てくれた方や、熱心に質問をくれた方が多くとても嬉しかったです。何度も練習した質疑応答では、どんな質問がくるのかドキドキしていましたが、リラックスして答えられたおかげで大きなトラブルも無く、無事に発表を終えました。

　また、他の研究発表を聞くのもとても面白く、勉強になりました。日常で疑問に思うことや、想像もしなかった観点など、さまざまな視点があり、多種多様な研究が溢れていました。研究手法や考え方など、私たちの研究にもつながりそうなことがあり刺激的でした。さらに興味深かったのは、普段あまり接することのない企業の方々からも研究の話が聞けたことです。

5 受賞したとき

　受賞したときは本当に嬉しかったです。もちろん研究に自信は持っていましたが、他の研究もレベルが高く面白いものばかり。どこが賞を受賞してもおかしくない中で、受賞できたことを光栄に思います。

　また、今回はポスター賞だけでなく DIC − Color and Comfort −賞にも選んでいただき、いままで研究や発表練習に一生懸命取り組んできて本当に良かったです。

　受賞後、仲間たちは笑顔いっぱい、見たことがないくらいの笑顔で喜んでいたのが印象的でした。また、受賞の際には、研究で工夫していたところを特に高く評価していただけたことを知り、さらに自信を持てました。今後の研究にもより一層力を入れて進めていき、地域課題の解決に努めていきます。

6 最後に

　研究や発表は私たちの力だけで成り立つものではありません。いつもアドバイスをくださる先輩方や顧問の先生および花王株式会社の研究者の方々にご支援いただき進められました。この場を借りて感謝申し上げます。また実験が長引き夜遅くに帰宅しても温かく迎えてくれる家族にも支えられました。感謝でいっぱいです。ありがとうございます。

DIC -Color & Comfort- 賞

DIC 株式会社　R&D 統括本部　マネジャー　宮脇敦久

受賞校の皆さまへ

　DIC の経営ビジョンは「彩りと快適を提供し、人と地球の未来をより良いものに‐ Color & Comfort ‐」です。私たち DIC のビジョンと同じ目標に向かう活動への賛同と応援の想いを込め、「DIC ‐ Color & Comfort ‐賞」を贈呈致しました。その対象として、愛媛県立西条高等学校科学部の皆さんの成果である、「おむつの灰由来のセスキ炭酸ナトリウム合成～おむつのゴミの洗剤への再資源化を目指して～」を次の理由から選考致しました。

　まず、地元西条市の課題は「増え続けるごみ」であると認知し、その解決策として「ゴミを資源として循環させる」ことを提案していること。次に、廃棄物である使用済みおむつから洗剤を再生するに留まらず、洗浄力の検証とコスト試算を行い、経済的にも価値があることを検証していること。そして、発表者の皆さんのプレゼンテーションの役割が上手く連携されており、熱意を感じられたこと。

　十代のとても若い世代の皆さんが、社会課題を理解した上で研究内容を決め、解決法を提案することでより良い将来を実現しようと努力されたこと、また、そこには強い意志を持って取組まれていることに感銘を受けました。

　化学がどのように社会と関わっているかは見えにくいところがあります。一方で、化学の世界から見た場合、その応用先の裾野は幅広く、用途は数えきれないほどです。例えば、私の場合、大学院まで高分子化学を学んだ後、化学メーカーで長らく材料開発に従事しています。これまでディスプレイ、半導体、自動車、食品包装、化粧品、ヘルスケア食品の様々な分野向けの原料や材料を開発してきました。DIC から見た場合、原料を購入し、材料転換したものが製品となり、顧客先ではこの製品が材料となります。この連鎖を経て、消費者に向けた最終製品となります。この一連の流れでは、自分から直接見える両隣の取引関係だけでなく、天然資源の採取から製造の過程、消費者の手に渡り、さらに廃棄後まで全体を通して互いの技術やビジネス上の戦略を理解する必要があります。そのためには、分野や業種の垣根を超えた連携が必要となります。

また、世界に目を向けると、気候変動や食料危機などの社会課題が多くあり、これらは将来の世界に起こるであろう重要課題として、世界中の政府機関、大学、企業がルール作成や解決手段の発明に尽力しています。高校生の皆さんが社会で活躍する頃には、当事者としてこれらの課題に向き合うことになると思います。このような、大きな課題に向き合うためには、仲間づくりが必要です。特に技術については化学を超えた取り組みが必要です。高校化学グランドコンテストでは、分野を超えた取り組みが垣間見られ、すでに仲間づくりが始まっていました。近い将来、皆さんと共に人と地球の未来をより良いものにできればと思います。

私たち DIC はこれからの皆さんのご活躍を応援しています。

DIC 株式会社について

DIC は日本有数のファインケミカルメーカーのひとつです。DIC は、60 を超える国と地域で、人々の生活に欠かせない包装材料、表示材料、高機能材料を通じて、社会に安全・安心、彩り、快適を提供しています。DIC は持続可能な社会を実現する製品の開発にグループ一丸で取り組んでいます。詳しい情報は、https://www.dic-global.com/ をご覧下さい。

DIC 企業広告のご紹介〜「未来のなかま 藻類」篇

女優・吉岡里帆さんが演じるのは、化学が大好きで、化学のことになるとつい情熱的に語ってしまう「DIC 岡里帆」。今回のテーマである「藻」は、食糧問題や環境問題解決のカギになりうる存在であり、画期的な化粧品材料にもなる「新しいソリューションの宝庫」。そんな「藻」の将来性についてDIC 岡里帆が目を輝かせながら語ります。

藻の可能性について詳しくはこちら

https://www.dic-global.com/ja/kagakuwokoero/healthcare.html

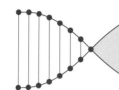

ヨウ化カリウムと過酸化水素の反応

福岡県立小倉高等学校 科学部空気電池班
Members 森一真、三井康太郎、田原丈、江口友暁、安西美悠、高濱瑛斗、
　　　　歌岡菜々、加邉花恵、佐藤心花、和田柊人、閑田康介、ワットアレン良
指導教員 池田好夫

研究概要

　小倉高校科学部では、空気電池の空気極での過酸化水素の分解
反応触媒を研究している。均一触媒であるヨウ化カリウム水溶液は、
塩基性下では触媒として働くが、酸性下では還元剤になり、触媒の働き
が失われるとされている。本研究では、触媒としてはたらくpHの境界
を知るための実験を行った。その結果、pH=2.9の強酸性領域でもヨ
ウ化カリウムは触媒としてはたらくことがわかった。ヨウ化カリウムが
触媒としてはたらくpHの領域は2付近であり強酸性の領域でも触媒
機能が失われないことがわかった。

pH:2.9における過酸化水素とヨウ化カリウム
の反応における酸素発生の様子

1 実験の動機

研究のきっかけは、ヨウ化カリウムと過酸化水素の酸化還元反応の実験を行ったところ、化学基礎の教科書の記述とは異なる結果になったからです。教科書には「過酸化水素とヨウ化カリウムの反応は、ヨウ化カリウムは酸性下で還元剤としてはたらき、ヨウ素が生成する。」と書いてあります。しかしながら、実際に実験してみると、酸性のpH条件でもヨウ化カリウムは「還元剤としてのはたらき」より「触媒としてのはたらき」が優勢で、過酸化水素を分解し、酸素が発生したのです。そこで、「触媒と還元剤のpH境界はどこにあるのか」をくわしく知りたいと思い、研究を始めました。

2 実験の苦労

実験の中で最も苦労したことはpH調整です。希硫酸と水酸化ナトリウム水溶液を使って溶液のpHを調整するのですが、中性付近ではほんの少しの酸や塩基を入れただけでpHの値がガラッと変わってしまうため、やり直しになることも多々ありました。そして何と言っても難しいのは計画通りに実験や資料作成を実行することです。大会が近づくたびにいつもギリギリのスケジュールになり、顧問の先生に間に合うか何度も確認されました。

実験風景

3 実験の軌跡

空気電池の研究でアドバイスをいただいている九州工業大学の清水陽一教授から「実験結果を半反応式で表してみたら？」という助言をいただき、(A)(B)の2つの式が起こると予想しました。

$I^- + H_2O_2 \rightarrow IO^- + H_2O$ … (A)

$IO^- + H_2O_2 \rightarrow I^- + O_2 + H_2O$ … (B)

ヨウ素が触媒として働く場合、ヨウ素は反応の前後で変化しません。その鍵がIO^-の生成であると考察しました。そして、追加実験によって律速段

階が（A）式であることを確認しました。

「やったー。予想通り！」。

IO^- の生成が鍵だとすると、ヨウ素が還元剤として働く場合には、（C）式の平衡反応が起こっていると予想できます。

$$IO^- + I^- + 2H^+ \rightleftharpoons HIO + I^- + H^+ \rightleftharpoons I_2 + H_2O \quad \cdots (C)$$

（C）式ではルシャトリエの原理により、酸性が強くならないと平衡が右に移動し、ヨウ素生成が進まないという実験結果に見事に一致します。清水先生のアドバイスの問いに答えることができた！！！

4 グラコン発表に向けて

わかりやすい説明になるように要点をまとめ、グラフや写真が目立つように工夫して配置しました。また、指し棒を使ってどこを説明しているのか的確に示しました。顧問の先生の前で何回も練習してアドバイスを貰い、スラスラと発表できるように頑張りました。大きな声ではっきりと発表できるように、話す順序や話し方にも気を配りました。

5 受賞した発表者の感想

2年生は初めての発表、初めての東京。いっそう緊張していました。しかし、練習通りにしていれば大丈夫だと信じ、発表に臨みました。審査員の先生から「pH10 〜 13 の範囲でヨウ素酸カリウムを入れるとヨウ素が生成しているかを目視することができる」というアドバ

イスをいただき、今後の研究の参考になりました。また、似ている研究をしている学校の方たちと交流ができ、より研究への理解を深めることができました。普段関わることがない他校との交流が何よりも嬉しかったです。

授賞式のときは福岡に帰らなければならず、後日ホームページから結果を知ったのですが、嬉しさより先に驚きがありました。受賞できたのは先輩の熱心な研究があってこそで、私たち2年生も意義のある研究ができるように頑張りたいです。

＜あるあるエピソード①＞

　実験のやり始めは楽しいのですが、同じ作業の繰り返し（例えば、1回30分以上×最低42回の滴定など）で後半は正直やりたくなく、連日の実験で疲れてくるとビュレットのコックを閉め忘れるというミスが多発し、再び同じ実験をするのが辛かったです。

＜あるあるエピソード②＞

　お月様がとても綺麗な日でした。そんな夜に提出期限がギリギリに迫るデータまとめに追われていました。ですが、みんなお月様に夢中で作業が全く進まなかったのです。初めてメンバーにキレました。あの日のことは忘れられません。

おもしろ化学

ブルーベリーパンケーキはいかが？

　いつも勉強にはげんでいる高校生の皆さんに、作りながら化学を感じることができるブルーベリーパンケーキのレシピを紹介します！　リフレッシュに、ぜひ試してみてください♪

【材料】

ブルーベリージャム	…	大さじ2
ベーキングパウダー	…	大さじ1
薄力粉	…	150 g
卵	…	1個
牛乳	…	150 mL
油・レモン果汁	…	適量

【調理器具】 フライパン（ホットプレートなど）、ボウル、おたま、フライ返し、泡だて器、計量器、計量スプーン、計量カップ、濡れ布巾

【作り方】

① ボウルに卵を割り入れ、牛乳を加えて、泡だて器で混ぜる。

② ベーキングパウダーと薄力粉を①に加え、粉っぽさがなくなるまで混ぜる。

③ ブルーベリージャムを加え、色が均一になるように混ぜる。このときの色は美味しくなさそうですが生地は完成。

④ フライパンを中火で温め、一度フライパンを火からおろし、濡れ布巾の上に置いてフライパンの温度を均一にする。

⑤ フライパンに油を薄くしいて、おたま1杯分の生地を弱火で焼く。表面に気泡が現れたら、裏返し、両面を焼いたらブルーベリーパンケーキの完成！

　ブルーベリーパンケーキにレモン果汁をかけてみると…、どのような現象が起こるでしょうか？　実際に作って、観察してみてください！

　見た目の変化が起こるのはなぜでしょう？　生地には、ベーキングパウダー（炭酸水素ナトリウム）が含まれており塩基性です。そこに、レモン果汁（クエン酸）をかけると、パンケーキの生地は酸性に変化します。ブルーベリーにはアントシアニンという色素が含まれています。酸性下または塩基性下によって、アントシアニンの構造がどのように変化するか考えながら食べるパンケーキでお腹も心もリフレッシュ！？

（これコンケミカル）

Chapter 8

海外招聘高校

Tokyo Trip: Chemistry In The Capital City

Hwa Chong Institution
Singapore
Members
Hu Xintong / Liu Zhile
Instructor
Ah Sen Rudy Lee Chong Tai

Reflection of 2023 Grand Contest on Chemistry for high school student

National Kinmen Senior High School
Taiwan
Members
Ssu-Yu Hou / Zhi-Ling Dong / Jing-Sian Cai
Instructor
Pei-Cheng, Chen

Our Academic Exploration in Japan

Nantou Shiuhkuang Senior High School
Taiwan
Members
Hao-Yu Teng / I-Chien Lin / Chuan-En Li
Instructor
Ying-Tien Chen

理工系人材を育む
化学系先端研究の体験と交流

開催日：2023年10月25日（水）〜30日（月）

「高校化学グランドコンテスト」に参加するために、シンガポール及び台湾で選抜された高校生たちが来日しました。芝浦工業大学や科学未来館の見学から日本の科学技術や文化を体験しました。また、コンテストに参加し、全国の高校生たちとも交流しました。今後も継続的に海外の生徒を受け入れるとともに、日本からもシンガポール及び台湾に生徒を派遣し、豊かな国際感覚を身につけることを目指しています。

■プログラム

25日（水）	到着
26日（木）	AM オリエンテーション PM 芝浦工業大学豊洲キャンパス研究室見学
27日（金）	AM 水処理センター見学 PM 日本科学未来館見学
28日（土）	AM 芝浦工業大学附属校及び柏高校との生徒間交流 PM 高校化学グランドコンテストへの参加と交流
29日（日）	高校化学グランドコンテストへの参加と交流
30日（月）	出発

Hwa Chong Institution
Singapore

Members
Hu Xintong / Liu Zhile
Instructor
Ah Sen Rudy Lee Chong Tai

Tokyo Trip: Chemistry In The Capital City

Abstract

The escalating concern over heavy metal ion contamination in water, originating from both natural processes and human activities, poses substantial environmental and health risks. The persistence and toxicity of heavy metal ions amplify the potential for severe health issues through the consumption of tainted drinking water. Addressing this issue necessitates the efficient elimination of these ions from water sources. Aerogels, particularly graphene oxide-treated cellulose aerogels, offer a promising avenue for effective adsorption. This study delves into the unexplored realm of utilising graphene oxide-treated cellulose aerogels for the proficient removal of heavy metal ions, addressing a critical research gap. The sol-gel method was employed to synthesise CMC-Na-GO and CF-CMC-Na-GO cryogels, characterised by lightweight, sponge-like structures with varying arrangements. Enhanced compressibility and layered tissues distinguished the latter, while the former exhibited a more contracted structure. FTIR and SEM analyses informed the cryogel characterisation. The cryogels were employed to treat heavy metal-ion-contaminated water through orbital shaking, with initial and final ion concentrations quantified using a colorimeter. Notably, these cryogels exhibited remarkable efficacy in removing Fe^{3+} ions, although their impact on Cu^{2+} and Zn^{2+} ion removal was less pronounced. The exceptional hydrophilicity of the cryogels contributed to their collapse in aqueous environments and potential secondary pollution. However, this issue can be mitigated by employing centrifugation to remove undesirable impurities from the treated water.

Participating in the 18th Grand Contest on Chemistry for High School Students in Tokyo, Japan presented us with an invaluable opportunity. Our experience was immensely enriching as we explored numerous points of interest alongside our friendly hosts. Additionally, the presence of fellow passionate student researchers hailing from diverse regions across Japan served as a deep source of inspiration for us.

During our first day in Tokyo, we embarked on a visit together with the Taiwanese teams to the Shibaura Institute of Technology (SIT), where our hosts welcomed us with warmth despite the cool weather. The SIT campus, a mix of modern buildings and green spaces, left a deep impression on us. This visit gave us a remarkable chance to delve into the institute's chemistry laboratories and witness the meaningful projects led by respected professors. Engaging with researchers was immensely inspiring and enlightening, as they explained diverse research scopes, ranging from electrochemistry to organic chemistry.

A visit of SIT laboratory

On the second day of our trip, our morning began with a tour of the Morigasaki Water Reclamation Center. Staff there conducted an informative presentation, detailing the local sewerage system's crucial role in creating a good urban environment , as well as its workings like the activated sludge. This visit allowed us a close-up view of various system components such as the reaction tank and secondary sedimentation tank, a valuable learning opportunity.

Water Reclamation Park   Lesson time: How the system works

In the afternoon, we explored Miraikan, the National Museum of Emerging Science and Innovation, which offered an extensive array of scientific disciplines, from robotics to space exploration. Our visit was truly memorable. Miraikan made complex scientific ideas easily understandable using interactive tools that were both engaging and enjoyable. The spherical display, Geo-Cosmos, showcasing a mesmerising visualisation of Earth suspended from the ceiling, was particularly captivating. Moreover, the 3D fulldome movie "The Man from the 9 dimensions" presented complex scientific concepts in a visually stunning manner.

On the third day, we visited the Shibaura Institute of Technology Junior and Senior High School. The day kicked off with a science competition centred around designing paper planes that could stay airborne the longest. Adding a school business card as a twist made it more challenging, leading us to experiment with various designs created by our peers, exploring different ideas and principles.

Aeroplane-making competition

Afterward, we toured the school's facilities, including laboratories, libraries, computer labs, rooftop courts, and self-study rooms. Additionally, we explored the Shibaura Railway Technology Gallery, uncovering the school's history rooted in an old train station, depicted through intricate miniature train models.

Train models

Our visit extended to various venues utilised for club activities, like the archery room, basketball courts, and the robotics space. Yet, the highlight was the makerspace, showcasing remarkable projects by senior students, notably an impressive racing car positioned at the centre of the room.

Self-made racing car by seniors

We were then taken to a classroom to connect with local Japanese students, giving us a chance to explore each other's cultures, discussing everything from food and landmarks to languages and backgrounds. Engaging in table discussions about our school lives and hobbies provided valuable insights, fostering a deeper understanding among us.

In these conversations, we met students who shared our passion for chemistry, as well as others focused on pursuing their own dreams. One standout encounter was with a student who excelled in Hado, an intriguing sport from Japan that merges Augmented Reality to create a virtual arena for athletes to compete in.

Interactions with Japanese peers

Following the interaction, we were brought back to SIT for the opening ceremony of the long-awaited Grand Contest on Chemistry as well as its poster exhibition. We cherished this experience because we were able to learn, not only about the research projects done by Japanese high school students, but also some historic cultures such as the Japanese paper making (Washi) which broadened our minds. The Japanese students showed their thirst for knowledge through their determination to resolve problems present in society with their knowledge of chemistry and creative thinking. After the poster presentation, we were welcomed with warmth at the tea session by the participants of the contest.

Communication with Japanese students

On the fourth day, we returned to the Shibaura Institute of Technology for the oral presentation phase of the Chemistry Grand Contest. Prior to our presentation, we attentively observed the presentations by the Japanese students. Their research, notably in the realm of predicting volcanic activities, was noteworthy for its significance and depth. Their adeptness in delivering presentations confidently in English, including addressing queries from judges in the same language, was particularly impressive. During the presentations by the Taiwanese students, we gained valuable insights into their projects and respective hometowns. When it was our turn to present, we not only shared our research but also introduced many aspects of Singapore, such as landmarks, food, racial diversity as well as our school. We fielded questions from the audience, as they sparked ideas for future research directions.

Our Oral Presentation

Participating in the 18th Grand Contest on Chemistry for High School Students in Tokyo, Japan was an incredibly enriching experience. We learned a lot and enjoyed the hospitality of our hosts as we explored different places together. Meeting other student researchers from all over Japan was especially inspiring and taught us a great deal. Our journey in Tokyo was not just about research exchange; it was a platform for fostering enduring friendships. We would like to express our sincere appreciation to the contest organisers for providing us with this invaluable experience. Furthermore, our heartfelt gratitude goes to Mr Rudy Lee and Mdm Xia Ying for their unwavering support throughout our research endeavours and to Dr Kelvin Tan for his guidance and care during our memorable trip to Tokyo.

National Kinmen Senior High School Taiwan

Members
Ssu-Yu Hou / Zhi-Ling Dong / Jing-Sian Cai
Instructor
Pei-Cheng, Chen

Reflection of 2023 Grand Contest on Chemistry for high school student

Abstract

We discovered a new material, called Indigo Carmine, which helps find hidden blood at crime scenes. We used Open CV for colorimetric analysis. The results show that the limit concentrations latent KM reagent can detect is 0.01 % (w/w), and Indigo Carmine reagent is 0.1 % (w/w). However, both reagents have a false-positive by bleach containing sodium hypochlorite.

1 Research Challenge

At first, even though we thought about using a program to help understand the results of our experiments, we only knew the basics of Python from school. We had no idea how to write the code for the analysis we wanted. That's when we heard about Chat GPT, a popular topic on the internet. We tried asking it what kind of knowledge was needed. We ended up learning from YouTube and successfully wrote the program.

2 Visit Shibaura Institute of Technology Junior and Senior High School

Before stepping into the Japanese campus, our guidance teacher consistently emphasized the importance of bold communication and advised us to forget ourselves when entering a new environment. Encouraged to bravely engage with others, we greeted Japanese high school students with smiles upon entering the campus, and they responded with warm greetings. To our delight, during lunchtime, we interacted with various high school students, who exhibited remarkable friendliness and talent. The activity involved fixed groups of Japanese high school students at each table, and we were required to regularly switch tables with our lunch boxes in hand, engaging in conversations with different people. I remember sitting down at a table where they eagerly asked for our names, interests, specialties, and future university aspirations. Fortunately, a group of lovely girls shared our passion for idol fandom, and we chatted animatedly, feeling like old friends. We also learned that one classmate achieved excellent results in a robotics competition, while another was dedicated to securing a job at Apple. As these culturally diverse youths discussed their

dreams, hearts intertwined. One evening, our guidance teacher assigned us a task – to distribute gifts to Japanese high school students. Thanks to the kindness and patience of the Japanese students, they waited patiently as we spoke slowly. In conclusion, Japanese high school students are filled with love and kindness, qualities worth learning from.

3 | Visit Shibaura Institute of Technology Toyosu Campus

On the second day of our immersive venture into Japan, we ventured forth to explore the academic realm of Shibaura Institute of Technology in Tokyo. Following a brief yet warm welcome session, the university administration presented an all-encompassing overview of Shibaura University's expansive exchange program via an insightful PowerPoint presentation. Astonishingly, the program transcended the boundaries of high school students, embracing undergraduates, master's, and even doctoral candidates. The overarching mission was to foster diverse, internationally collaborative teams specializing in the fields of science and engineering. Drawing wisdom from a rich tapestry of past experiences, Shibaura University has meticulously crafted a well-structured plan specifically tailored for the unique needs of overseas students. Primarily, the university demonstrates a proactive approach to address financial concerns by offering an array of scholarships. Despite the intricate intricacies of Taiwan-Japan relations, which hinder the provision of official government scholarships, private entities and corporations exhibit unwavering generosity. This commitment ensures that international students can embark on their academic journeys without the burden of financial constraints. Moreover, Shibaura University has taken commendable strides in providing pristine international dormitories within its sprawling campus. These not only serve as comfortable residences but also serve as a fertile ground for students from diverse countries to engage in profound cultural exchange. Concurrently, the university extends comprehensive support services, including guidance and counseling, to facilitate the seamless adaptation of foreign students to the academic environment.

Throughout our enriching visit, we encountered a kaleidoscope of faces hailing from various corners of the globe, with the proportion of international students rivaling that of their Japanese counterparts. For instance, our team leader, a practicing Muslim, showcased the inclusive environment, while the graduate student proficient in translation hailed from South Korea. Additionally, the affable lab tour guide was a Chinese overseas student fluent in Mandarin. Collectively, they attested to Shibaura Institute of Technology as an extraordinary institution where students from diverse backgrounds seamlessly attend classes together, free from any form of discrimination based on nationality. The research atmosphere of the school also impressed me. People from all over came together to discuss and share their insights and research on different topics. Each person is silently and gradually changing some corner of the world in their own way, working hard for their vision. We don't know what sacrifices and efforts they made for their research, but they still hold on to their passion, which is worth learning. This profound and enriching exchange program experience has sparked within me an ardent desire to delve deeper into the academic landscape of Japan. It has not only illuminated a promising pathway but has also served as a catalyst for my inspired exploration of the possibilities that studying at Shibaura University holds.

The exposure to the university's vibrant international atmosphere, coupled with its meticulous planning for the well-being of overseas students, has indelibly left a lasting impression. It makes the prospect of pursuing higher education in Japan an undeniably compelling and viable option.

4 | Japanese Culture

Growing up, I've seen a variety of Japanese delicacies on TV dramas and in the news, and my hometown's streets are filled with diverse Japanese foods like ramen and sushi. So, we were eagerly anticipating the opportunity to taste the differences between Japanese cuisine and that of other countries. During our cultural exchange journey, we savored dishes such as okonomiyaki, ramen, curry rice, and eel rice. Seated in an okonomiyaki restaurant, armed with small spatulas to create our own okonomiyaki, the delightful aroma filled the air as we enthusiastically crafted our first ever okonomiyaki, accompanied by laughter and cheers. The taste was truly unique, something we had never experienced before, and we promised to return for more. While indulging in ramen, curry rice, and other delights, we couldn't help but compare them to our hometown Japanese cuisine. Perhaps it was the experience of eating in Japan or the secret recipes of these establishments, but familiar dishes became enticing and exotic. The most delightful surprise awaited us at Japanese convenience stores – offering hot and cold food, snacks, and various essentials. It felt like stepping into a miniature market with tremendous surprises. I remember indulging in numerous servings of fried chicken and almond tofu. Common foods in Japan seemed to possess a sublime essence, making them irresistible. Throughout this journey in Japan, the culinary experience deepened our understanding of Japanese culture, leaving us eager to revisit this land of culinary wonders.

Furthermore, there is a significant difference between the transportation systems in Japan and Taiwan. In Taiwan, the road conditions can be chaotic, especially in rural areas where roads twist and turn unexpectedly. The straight and smooth asphalt roads can suddenly lead to dead ends, often leaving first-time visitors feeling disoriented. I want to clarify that I'm not criticizing Taiwan; I love my hometown and the place I live. The narrow alleys and lanes even hold memories of childhood hide-and-seek. However, from a tourist's perspective, Japan's public transportation is more precise, convenient, and suitable for travel. During our stay in Japan, we explored various modes of transportation, including subways, trains, and buses. Riding the trains was particularly exciting, as we looked at the subway maps resembling underground mazes, fulfilling the imagined scenes from anime.

We also had moments of walking, mostly in the evenings when we ventured out from the hotel to find local eateries. The streets were clean, spacious, and flat, with designated paths for pedestrians and cyclists, creating a user-friendly environment. This is one of the reasons why I appreciate Japan. The organized and efficient public transportation in Japan not only adds to the joy of exploration but also enhances the overall travel experience. It contrasts with the sometimes perplexing road network in Taiwan, contributing to my fondness for Japan's travel-friendly infrastructure.

Last but not least, we truly felt the warmth of the local people from various places in Japan these days. The team leaders, supervisors, teachers, researchers and high school students have enriched our journey in Japan in their own ways. On the day of the Grand Contest, we even encountered a student who volunteered to translate the presentation on the spot, helping us understand the research. The courage and ability he demonstrated are something we are still learning and aspiring to.

5 | Appreciation

Thankful for the opportunity to meet the people and explore the research there. It's truly been an unforgettable journey. In this journey, we met amazing people and encountered incredible things. We hope that we can step on this wonderful land again.

Nantou Shiuhkuang Senior High School, Taiwan

Members
Hao-Yu Teng / I-Chien Lin / Chuan-En Li
Instructor
Ying-Tien Chen

Our Academic Exploration in Japan

Abstract

In the face of global warming, the world emphasizes the importance of green energy development and reducing carbon dioxide emissions. As Earth's inhabitants, we aim to make our contribution in the green energy sector. We use silver nanoparticles (Ag NPs) to boost the efficiency of dye-sensitized solar cells. From the electrodes, electrolyte, titanium dioxide, dye, to Ag NPs, we personally craft and formulate most of these components. Although our budget limits us from acquiring premium materials, hindering us from reaching the same efficiency as commercial products, we've proven that adding Ag NPs improves efficiency. The journey has been tough, conducting experiments during lunch breaks, weekends, summer breaks, and club hours. We've encountered challenges and setbacks, but we persisted. Fortunately, our dedication has afforded us the opportunity to participate in The 18th Grand Contest on Chemistry for High School Students in Japan.

146

1 Visiting Shibaura Institute of Technology in Tokyo

We visited Shibaura Institute of Technology in Tokyo with students from Kinmen High School and Hwa Chong Institution in Singapore. The Japanese folks were really nice, and the teachers and students there welcomed us. Later, the teachers told us about their university and

some Japanese culture. After that, our eight students and three teachers got to know each other better. We talked about Japanese food and culture. We visited their biology and chemistry labs, attended chemistry classes, and checked out different parts of their school. The campus surroundings were cool, with nice buildings, open spaces, and a river in the back. We really liked the views at Shibaura Institute of Technology, from the buildings to the open areas and the river. Walking around the campus was nice and relaxing. In the evening, Dr. Chen showed us around, visiting the Imperial Palace, shrines (Yushima Tenmangū), and taking the subway railway system on the Yurikamome around Tokyo. It was eye-opening and awesome.

2 In Japan's Experiences

The three of us were in Japan for the first time, and everything around us caught our interest, especially the streets. Japanese streets are quite different from Taiwan's – we were amazed by how clean and organized they are. We liked their quiet, wide sidewalks where we could walk and enjoy the pretty views. On the second night, after visiting Shibaura Institute of Technology in Tokyo, we went to Yushima Tenmangu Shrine. It was our first time at a Japanese shrine, and even at night, the shrine felt special. We usually see shrines in Japanese comics, being there in person felt like stepping

into a cartoon world. We also bought some lucky charms there, hoping for a good presentation three days later. On the way back, we took Japan's famous train. We thought it would be crowded, but it was comfortable, especially outside of busy times. Tokyo's night view was amazing – sitting on the train, looking at the bright city lights, it left a strong impression. In those days, apart from school visits, we also went to a water cleaning place and a cool science museum. Seeing so many new things made our view bigger, and the trip kept surprising us.

3 The day before the competition and visiting Shibaura Institute of Technology Junior and Senior High School

On the day before the contest, in the morning, we visited Shibaura Institute of Technology Junior and Senior High School. The principal showed us around the school, and we were amazed at how big it was. Besides regular classrooms and sports fields, they had lots of club rooms, labs, and even the principal's office was cool. We also joined a part where students talked and got to know each other. During the chat, we had lunch with the high school students and found them to be nice and funny. In the afternoon, we went to the contest place. Watching Japan's awesome high school students explaining their projects to the judges and showing their posters was really cool. Even when we, from Taiwan, asked questions in not-so-perfect English, they answered warmly and didn't seem unsure. This made us excited for the chemistry contest the next day. Later in the evening, there was a dinner event where we became friends with many high school students in the contest. We talked about interesting stuff during the gift exchange. In the end, we shared Instagram accounts, exchanged contacts, and made great memories.

4 | The day of The Grand Contest on Chemistry
for High School Students

On the day we shared our research, in the morning, we watched Japanese students present their projects. They were really good – their topics, content, and findings were always interesting. When the judges asked questions, they explained well and did an awesome job. It made us realize that the other teams at the contest were really strong. In the afternoon, international students presented their projects.  First was a group from Kinmen High School in Taiwan, and they spoke English really well. They answered the judges' questions easily. Then it was our turn, and all three of us felt super nervous. Luckily, our presentation went smoothly. When there was a pause followed by loud clapping, we felt relieved – I did it successfully.

5 | Final Reflections

During our trip to Japan, we learned a lot and created many memories. It was a big honor to be invited to share our research, making this journey truly unforgettable. The food also added happy memories, from the lunch boxes at the contest place to ramen, instant noodles, yakitori lunch boxes, monjayaki, and, most importantly, yakiniku. The food wasn't just tasty; it exceeded our expectations, especially the yakiniku, which was different from what we have in Taiwan. The best part was definitely the monjayaki,  providing a unique and delicious experience. These six days of exploring brought lots of benefits. We not only had new experiences but also made new friends. We pushed ourselves out of our comfort zones, paving the way for our future. Expanding our views and looking at things from an international perspective are things not easy to do in Taiwanese schools. This journey was an important part of our lives, full of yummy food and a sense of wonder, friendship, and personal growth.

6 Appreciation

We greatly appreciate our instructor and Dr. Chen for guiding us throughout. Dr. Chen led us in starting our research and encouraged us to express ourselves, offering valuable feedback for improvement. Special thanks to Professor Chan from National Taiwan University for his enthusiastic support. Lastly, we thank our Japanese hosts for the invitation, enabling us to conclude this unique journey. Their invitation provided a special opportunity, and we are grateful for the experiences gained.

Chapter 9

海外大会

TISF2024 参加体験記

学校法人池田学園池田中学・高等学校 SS 部
Members：吉井由、河元千代乃、黒瀬こころ
指導教員：樋之口仁

学校法人静岡理工科大学静岡北高等学校 科学部水質班
Members：山下颯斗、萩原健登、本田楓
指導教員：渕上祐太

ISYF2024 参加体験記

富山県立富山中部高等学校 スーパーサイエンス部
Members：西島累世、伊東愛
指導教員：浮田直美

The 16th Taiwan International Science Fair（2024年TISF）

開催日：2024年1月26日（金）～2月3日（土）

　TISFは、台湾（台北）にある国立台湾科学教育館（National Taiwan Science Education Center, NTSEC）が主催する国際的なサイエンスフェアであり、化学をはじめ、数学、物理学、天文学、地球環境科学など13部門において、若い科学者の卵が交流を深め、互いの研究活動を発表する場です。NTSECは科学に関する常設展示を行うほか、このTISFを実施し、科学教育の普及に貢献しています。25カ国の海外招聘チームが参加するカルチャーツアーに加え、ポスター発表やワークショップなど、さまざまな機会を通して各国からの参加者の交流が進むように工夫されています。

　日本からは、池田高等学校及び静岡北高等学校が化学部門に参加し、審査会ではそれぞれ3等及び1等を受賞しました。

参加高校

Webサイト：https://twsf.ntsec.gov.tw/Article.aspx?a=32

■プログラム

26日（金）	到着
27日（土）	カルチャーツアー@宜蘭
28日（日）	（午前）参加登録とプロジェクト設営・（午後）セレモニー準備／監督会議 （イブニング）ウェルカムパーティー
29日（月）	（午前）開会セレモニー・生徒ワークショップ・（午後）監督ワークショップ （イブニング）D&Sレビュー発表
30日（火）	（午前）海外審査会・国内審査会・（午後）カルチャーツアー@淡水
31日（水）	国内審査会 （午前）カルチャーツアー@故宮博物院・（午後）サイエンスツアー@4班
1日（木）	（午前・午後前半）一般公開・（午後後半）カルチャルナイト準備 （イブニング）カルチャルナイト
2日（金）	（午前）自由時間・（午後）授賞セレモニー
3日（土）	出発

学校法人池田学園池田中学・高等学校 SS部

　台湾国際科学フェアまでの約2ヶ月。通常の研究に加え、英語のポスターや口述原稿、質疑応答集、さらに静岡北高校と一緒に行うカルチャーナイトの企画など次から次へと準備をする毎日でした。

　出発の1週間前になってやっとできた英語原稿。それから、英語科の先生方に指導していただき、審査員対応や一般の方々への対応練習に励みました。一方、私の気持ちは進んでいく準備とは相反するように不安と期待で揺らいでいきました。「英語で対応できるだろうか。友達はできるだろうか」と、そんな不安を胸に迎えた出国当日。家族に見守られながら、鹿児島から福岡、そして台湾へと旅立ちました。

　無事に台湾桃園空港に到着。一歩足を踏み入れると、片側6車線の広い道路、辺り中鳴り響くクラクションの音、ところどころに見える高い山々。日本とは全くの別世界の光景に胸が躍りました。

　翌日からさっそくTISFのイベントがスタート。25カ国の海外招聘チームで巡るカルチャーツアー、参加者全員が集う歓迎パーティーに参加しました。その後も、様々な国の人々と交流していくうちに胸の中の不安は、楽しさや心のエネルギーへと変わりました。

　ホテルに帰るとメンバー全員で発表練習や質疑応答を確認し、部屋に戻ってからも自主練習をしました。本来の目的であるポスター発表の練習は毎日欠かさず続けました。そして、本番前日という直前になって、なぜかポスターの訂正箇所を見つけるなど、予想外の事態も起きましたが、「桜島の噴火予知を目指している私たちの研究を知ってもらう」という信念を持ち、準備を終えました。

　これまでの集大成である本番。制限時間も厳重なうえ、質疑応答の時間になったときには審査員が容赦ない速さで質問や指摘をしてきます。なんとか英語で返答すると、審査員は満面の笑み。「あなたたちの研究は素晴らしいものだと思う」と最後にコメントしていただいたときには、世界でも私たちの研究を知ってもらえたのだという実感が湧いてきました。

　とうとう表彰式になり、3等賞を受賞。この3等賞は、これまで支えていただいた学校や部員、先輩方、全員で受賞したのだと、改めて感謝の思いで胸が熱くなりました。

一般公開ポスターセッション　　　　　　　一般公開プレゼン

　出会いもあれば別れもあります。私たちをサポートしてくれた台湾の高校
生ボランティアをはじめ、みんなと過ごせる最後の時間。いざ、「さよなら」
を言おうとすると相手も私たちも涙が止まりませんでした。"Don't cry. I
miss you."、別れを惜しむ言葉が、最終日のホテルロビーで飛び交いました。
台湾の友達、静岡北高校のメンバーとの別れです。こんなにもこの場所にい
たいと思うのは初めての感覚で、別れの言葉を言う口が重かったです。やっ
と最期に言えた言葉は、私たちと静岡北高校メンバーの間にあるエレベータ
の扉が閉まる直前「また会おうね」という言葉でした。

　出国検査を終えた後、仲良くしていたマレーシアの友達が乗る飛行機の
ゲートまで行き、最後の会話をして台湾を旅立ちました。日本に帰ってきて
も故郷に帰ってきたという印象はなく、台湾での数えきれない思い出がまだ
身体に染みついて離れないでいました。

　この8泊9日、こんなにも素晴らしい仲間に出会えたこと、世界中の文化
に触れたことで、どこか内にこもっていた私が自ら発信していく変化を感じ
ました。気持ちをさらけ出すことで、今まで以上に研究にも真剣に、そして
素直に向き合えそうです。研究の進歩だけでなく、私も成長できた今回の海
外大会への参加は人生の分岐点ともいえる

素晴らしい機会でした。この大会でできた
友達とも、SNSを介して連絡を取り合い、
親交を深め合っています。たくさんの贈り
物をしてくれたTISF。私たちは培った出
会いや経験を忘れずに日々精進していきま
す。またあの舞台に帰れるように。

3等賞の受賞

学校法人静岡理工科大学静岡北高等学校 科学部水質班

　世界大会である TISF 優勝（First Award 受賞）に至るまで、芝浦工業大学をはじめ、ご支援いただきました皆様に深く感謝申し上げます。

　台湾に着くと、信号機の残秒数があることや右車線、バイクの数など日本との違いにワクワクしました。一方で、ホテル到着後に会話しようにも言葉が出てこず落ち込みました。

　翌朝、先生に「海外の人に話しかけて同じ席で朝食をとりなさい」と言われました。最初は話しかけることさえ躊躇し、その後の数日間は会話の一部を理解するだけで精一杯で、研究の話題についても上手く答えられませんでした。それでも、日ごと交流を重ねるうちに、食文化の違いなどを話せるようになりました。カルチャーツアーでは演劇が印象的で、「言語が全く分からなくても雰囲気や表情で伝わってくるんだ」と感じました。自由時間に、先生に臭豆腐を勧められ、口の中に「牛」が広がる貴重な経験を積みながら、「海外の人と SNS 交換して友達になる」というミッションを課せられました。初めて生徒同士だけで話し、何人かと記念写真を撮ることに成功しました。夜の練習で先生が「原稿はやめよう。アドリブで」と急に言い出し、11 月から毎日 2 時間かけて準備して、せっかく覚えた 1000 語を超える原稿と 100 種類の質疑応答を台無しにされてしまいました。

　開会式後、ワークショップの科学史クイズに参加しました。グループのみんなが強すぎて「ジーニアス！　ジーニアス！」という謎のコールが起こりました。皆と写真を撮った時は、めちゃくちゃ楽しかったし、言語の壁など感じなくなっていました。審査発表前夜に、今大会の名台詞 "Attention please."、ジャジャン拳（某アニメより）風に PO_2、PO_3、PO_4 を繰り出すジェスチャー、ショートコントなどのお笑い要素、決め台詞 "No, Phosphorus No, Life" を言いながらの手表現 ✖ Ｐ ✖ ❤ など大幅な変更を加え、面白さが急激に増しました。これは絶対にウケると思い、本気で練習して明日に備えました。

　5 日目は決戦の日です。朝から心臓はバクバクして 1 回も止まってくれず、手が震えていたのを覚えています。会場で練習していると審査員が来て、突然「8 分で」と言われて愕然としました。「ああ、神よ、10 分ではなかったのか」

と絶望しながら審査が始まりました。狙い通り、始めから審査員は笑ってくれたし、「イケる！」と思っていましたが、結論前で強制終了となりました。質疑応答は上手くいきましたが、最後の決め台詞が言えず、悔しすぎて反省会をしました。ですが、すぐ2回目があることが発覚し、次は絶対に完遂させてやると決意しました。ずっと笑ってくれなかった審査員が最後の決め台詞✖P✖❤で笑ってくれた時が嬉しかったです。

会場にて

　発表を終えた今なら、「原稿」をしゃべっていては、聞き手の様子を伺いながら、時間を調整したり、柔軟に表現したりすることができないことがわかります。原稿を無くすと指示を受けた当時はショックでしたが、必要なことだったと思います。また朝食での会話や、SNSで繋がって写真を撮るというミッションは、英会話のハードルを下げ、臨機に応対する力をつけ、知り合いになることでブースに足を運んでもらい、興味を持って発表を聞いてもらう機会につながることを知りました。事実、公開発表のときに、朝食を共にした友達やSNS交換した友達が見に来てくれました。また、面白いと感じてくれた友達が、さらに友人を誘ってくれ、より多くの人に発表を聞いてもらえました。表彰式では4位から順に発表される中、なかなか呼ばれないことに焦燥感を覚えました。「えっ、1位も違うチーム!?」と思ったら、"and… from Japan!!!"ガッツポーズをしました。夜市でのザリガニは意外とイケたものの、勧めてきた先生を恨みました。終わってからはお別れ会でした。最初は話しかけられず、慣れない英語で日ごとに交流を深めたスタッフと別れるのは寂しかったし、悲しかったけど、「来年、またチームで必ず来るぞ」と決意を固め、台湾の地を後にしました。

First Award受賞

International Science Youth Forum 2024 (ISYF)

開催日:2024年1月7日(日)~12日(金)

　シンガポールのブキティマにあるHwa Chong Institution (HCI)にて開催され、海外招聘17チームとシンガポール23チームの合計40チームが参加しました。海外参加国は、ブルネイ、カンボジア、台湾、中国、香港、インドネシア、日本、マレーシア、フィリピン、タイ、イギリス、アメリカ、ベトナムであり、日本からは富山中部高等学校が参加しました。今年のISYFのテーマは「人類のための科学と技術: 持続可能な未来の構築」です。気候変動と格差の悪化に直面する世界において、地球規模の問題を解決する科学技術の可能性に向けて、参加者同士が交流しました。

Hwa Chong Institutionの
シンボル時計塔

Webサイト:https://isyf.hci.edu.sg

■プログラム

7日(日)	到着後、19:00 説明会
8日(月)	7:30 開会式とプログラム説明／チームごとの交流
	10:00 シンガポール探索
	18:00 夕食会／サイエンス活動
9日(火)	8:30 国際交流会
	9:30 シンガポール国立大学(NUS)見学
	13:30 サイエンスセンター見学
	18:00 夕食会／国際交流
10日(水)	8:30 マスタークラス
	11:00 文化展示と交流
	13:30 バードパラダイス見学
	18:00 夕食会／交流会／探究活動の復習
11日(木)	8:30 マスタークラス
	13:00 ISYF基調講演／ポスター発表
	17:00 チームごとの交流
12日(金)	8:00 サイエンス活動
	11:00 コンラッド・センテニアルホテルにて閉会式後、出発

富山県立富山中部高等学校 スーパーサイエンス部

◆ はじめに

　富山中部高校 SS 化学部は、「媒晶剤のカルボキシラートイオンの pH による変化でコントロールする NaCl 型結晶の形」と題した研究で第 18 回高校化学グランドコンテスト「化学技術賞」をいただくとともに、1 月 8 ～ 12 日に開催された ISYF（国際科学青少年フォーラム）への招待を受け、シンガポールに渡航しました。

◆ Day0

　東京で前泊した後、早朝から羽田空港へ向かい、チャンギ空港へ向かいました。機内では洋画や英語字幕の動画を見て耳を鍛えました。降機すると、すぐに感じたのは蒸し暑さ。故郷との気温差 20 ℃ を身に沁みながら空港内を歩いたのち、Hwa Chong Institution の生徒さんに暖かく出迎えていただきました。英語力が心配な中、日本語が流暢な生徒さんがいたのでとても助かりました。寄宿舎ではルームメイトと会い、夕食時に日程などを確認しましたが、いずれも現地の高校生の英語を聞くのに苦戦し、残り 1 週間を不安に感じながら就寝しました。

◆ Day1

　グループメイトと簡単なゲームをして交流した後、いよいよ初日の活動が始まりました。活動はグループリーダーにシンガポールの発展の軌跡を案内してもらうツアーで、ラッフルズ・プレイスという金融・商業センターやホーカーという料理店街を訪ねました。現地の料理

ISYF記念シャツで集合写真

は中国料理が中心で、味付けは日本と少し異なりましたがおいしかったです。寄宿舎到着後、数学・物理の研究テーマとして「正五角形の証明方法」を考

えることになりました。なんとか解法を導こうと一晩中ルームメイトととも
に苦戦しましたが、この日は明確な解法には到達しませんでした。

◆ Day2

　午前中は国内トップのシンガポール国立大学（NUS）に行き、ナノワー
ルドについての講義を受けました。私の友人も目指している大学と聞き、刺
激を受けました。講義は専門用語などが難しかった
ですが、実験も多く見せてもらったので理解して楽
しめました。午後はシンガポール国立科学博物館に
行き、さまざまな科学の現象を体験しました。火炎
のトルネードや、液体窒素の大実験、鏡に囲まれた
不思議な迷路など、とても楽しかったです。また、
この日は Cultural Hour という各国の文化発表があ
りましたが、どの国の発表も盛り上がり、温かい雰
囲気でした。

科学博物館でのファイアー
トルネード

◆ Day3

　Master Class では様々な分野の講義を受けました。これまで知らなかっ
た分野でも、とても興味を持てました。昼前に Culture Exhibition という
日本文化の展示を行った後は Bird Paradise
に行きました。いろいろな地域に住む鳥た
ちが広い敷地に集まっていて、触るのは禁
止ですが、触れてしまうくらい近距離で見
ることができました。特にペンギンに皆目
がくぎ付けでした。

日本文化の展示・紹介は大盛況

◆ Day4

　朝からシンガポール南洋理工大学の先生による講義を受けました。内容は
シンガポールの地下空間の開発方法とその利用で、現地では地下 100 メート

ルにも構造物を建築していると知り驚きました。その方に英語で質問をした
ところ、親切に答えてくださり、知識が深まりました。その後は、私たちの
ポスターの発表と展示を行いました。思ったよりも多くの方々が聞きに来て
くださり、思いを込めて発表しました。他のポスターは環境問題に関連した
ものが多く、考えさせられる内容でした。また、夜はシンガポールの中心街
に赴きました。マーケットやマリーナベイサンズの風景は100万ドルの夜景
というに相応しく、感動しました。

◆ Day5

　午前中はチームで取り組んだ課題研究の発表がありました。私たちは午後
からのレセプションパーティーで披露する Cultural Hour の打ち合わせをし
ました。閉会式でもう一度披露してほしいとお誘いいただいたからです。前
回披露したものとは少し内容を変えました。緊張しましたが、とても良い経
験になりました。午後になり、他の参加者もホテルに合流しました。パー
ティーでは皆が個性を生かして着飾っており、とても華やかな空間でした。
昼食はホテルのコース料理で、少し背伸びをした気分で楽しみました。昼食
も終わると写真をたくさん撮りました。ファ
シリテーターに大声で感謝を伝えている人
もいました。最後には全員で肩を組み、流
行りの洋楽をみんなで歌いました。その時、
自然と涙があふれてきました。5日間を振り
返って、様々な思いが込み上げてきたのだ
と思います。共に過ごした仲間に、本当に
感謝したいです。

閉会式でのHCIのリー校長先生から
の記念品授与

◆ 謝辞

　今回の大会では、現地の Hwa Chong Institution の生徒実行委員をはじめ
とする関係者、芝浦工業大学の担当者、高校化学グランドコンテスト主催の
皆さまに大きく支えられました。この場をお借りして御礼申し上げます。

Chapter 10

第18回高校化学グランドコンテスト フォトギャラリー

今年から芝浦工業大学が会場になりました！

今年もはじまりました

第18回 全国から集まれ！
高校化学グランドコンテスト
The 18th Grand Contest on Chemistry for High School Students

ポスター発表

さあポスターの準備だ

どうでしょうか？

資料もばっちり

芝浦工業大学の学生もサポート

説明に熱が入る

通路まで大賑わい

みんなで発表!

多数の企業にご協賛いただきました

レセプションパーティー

学校の枠を越えた交流

先生や協賛企業の方々と

海外の高校生ともコミュニケーション

特別企画

パネルディスカッション

実験機器ツアー

口頭発表

笑顔を忘れずに

一生懸命伝えます

仲間との研究成果

海外からも参加

山田 純 学長

事務局長 堀 顕子 先生

審査委員講評 Part2

笹森 貴裕（筑波大学数理物質系化学域教授）

　口頭発表はよく準備して、それぞれ工夫を凝らした発表だったと思います。スライド送りが早かったように思うので、もう少しだけ、聴衆にスライドが頭に入るような時間を考慮した発表になるとより良いと思いました。ポスター発表ではそれぞれ、見せ方を意識した工夫をしていたように思いますが、逆に工夫しすぎて見えにくかったものもありました。緊張しながらも、元気に楽しく話をする生徒さんが多くみられました。

佐藤 香枝（日本女子大学理学部化学生命科学科教授）

　どの口頭発表も、十分に時間をかけて実験に取り組み、発表練習を重ねていることがすぐにわかりました。とても素晴らしかったです。また、地域の関わりのある研究テーマ、身近なものに注目したテーマなど、とても楽しく拝見させていただきました。質疑応答を通じて、さらに研究が深まることを期待します。ポスター発表の場合、集まっている人たち全員にポスターが見えるように、立ち位置に気をつけて発表すると良いと思います。

山田 鉄兵（東京大学理学部化学科教授）

　口頭発表は非常にレベルが高く驚きました。また多くのチームが英語で発表し、素晴らしい発表が多かったです。自分たちで装置を作り、実験方法から考え出している発表、学校の伝統を感じる研究テーマも印象に残りました。大学に進まれた皆さんと一緒に研究が出来たら楽しいなと感じました。ポスターもとても楽しい発表ばかりでした。電極酸化して酸化グラフェンを作るものなど、ドキッとするような研究テーマもありました。是非この楽しさを高校に持ち帰り、素晴らしい研究を続けていって欲しいと思います。

あとがき

高校化学グランドコンテスト事務局長
芝浦工業大学工学部物質化学課程 教授
堀　顕子

　本書をお読みいただきありがとうございます。この本は2023年10月28日、29日に実施された「第18回高校化学グランドコンテスト」で受賞した高校生たちの研究生活や、化学をベースとする理系探究学習への想いを集めたドキュメンタリー本です。忙しい高校生たちが定期試験や校外活動、ときには受験を控えながら、慣れない執筆作業を先生たちと進めてきた、まさに青春という名の珠玉の1ページが集められています。

　コンテストの根底には、高校生が楽しく研究を競い合い、ときに相談ができ、互いに学びを深めることができる大学主催の全国大会が未来の研究者育成に必要不可欠との考えがあります。2004年にスタートした伝統ある本コンテストを、コロナ禍を経て持続可能な形で継承することは関係者一同にとって決して容易ではありませんでしたが、高校生たちの一生懸命な姿や笑顔を、先生たちの熱心にご指導する姿を間近で見ることができ、溢れ出てくるような教育の幸福を感じることができました。また、大学及び企業の皆様が強力にサポートしてくださり、化学分野の連携を改めて感じるひとときであったと思います。我々や学生にとっても大変な学びの機会になりましたことを、心よりお礼申し上げます。私も高校生の頃に「ものづくり」を支える化学に惹かれ、この道を志しました。悩みや挫折もありましたが、それ以上に化学を介して多くの出会いや学びの機会がありました。人と話す数だけ私たちは成長し、研究も広がるものです。これは高校生や大学生、研究者でも同じではないでしょうか。このコンテストは化学に特化していることから会場が一体感に包まれ、自分の発表だけではなく、他者の発表を楽しむ場としても大きな学びの場を提供していると自負しております。これからも皆さんの交流の輪や発表機会を支える場として発展することを切に願っております。

　最後に、執筆してくださった高校生とご指導にあたった高校教諭の皆様、中沢先生をはじめ大阪市立大学（現大阪公立大学）及び本学関係者のご支援に対し、この場を借りて感謝を申し上げます。また、遊タイム出版の東氏をはじめ、本書に関わった皆様にも心よりお礼申し上げます。

監修者

堀　顕子（芝浦工業大学工学部物質化学課程 教授）

1974年生まれ、愛媛大学理学部化学科卒業。2002年名古屋大学大学院工学研究科物質化学専攻博士後期課程修了。博士（工学）。2001年に仏国ルイパスツール大学J.-P.Sauvage研究室に留学。東京大学博士研究員、北里大学助教、JSTさきがけ「ナノ製造技術の探索と展開」兼任研究員を経て、2015年に芝浦工業大学准教授、2020年より現職。

協力

大口裕之　　（芝浦工業大学工学部物質化学課程 教授）
木戸脇匡俊　（芝浦工業大学工学部物質化学課程 教授）
田嶋稔樹　　（芝浦工業大学工学部物質化学課程 教授）
野村幹弘　　（芝浦工業大学工学部物質化学課程 教授）
廣井卓思　　（芝浦工業大学工学部物質化学課程 准教授）

芝浦工業大学公認サークル「これコンケミカル」

イラスト：中屋　梓（表紙）
装幀・本文デザイン：ADS

高校生・化学宣言 PART15
高校化学グランドコンテストドキュメンタリー

2024 年 5 月 31 日 第 1 刷発行

監 修 者　　堀　顕子

発 行 所　　株式会社 遊タイム出版
　　　　　　〒 577-0067　大阪府東大阪市高井田西 1-5-3
　　　　　　TEL 06-6782-7700　FAX 06-6782-5120
　　　　　　＜東京支社＞
　　　　　　〒 141-0022　東京都品川区東五反田 2-20-4
　　　　　　　　　　　　　　NMF 高輪ビル 7 階
　　　　　　TEL 03-6417-4105　FAX 03-6417-3429
　　　　　　https://www.u-time.ne.jp/

印刷・製本　　株式会社 アズマ
ISBN978-4-86010-366-8 Printed in Japan

本書のコピー、スキャン、デジタル化等の無断複製・転載は著作権法上での例外を除き禁じられています。本書を代行業者等の第三者に依頼してスキャンやデジタル化することは、たとえ個人や家庭内での利用でも著作権法違反です。
本書の内容についてのお問い合わせは、書面か Fax（06-6782-5120）でお願いいたします。落丁・乱丁本の場合は、購入された書店か小社編集部までご連絡ください。お取り替えいたします。